海关“12个必”之国门生物安全关口“必把牢”系列

进出境动植物检疫业务指导丛书

进出境动植物检疫实务

国际贸易规则篇

总策划◎韩　钢

总主编◎顾忠盈

主　编◎李建军　副主编◎季新成　孙双艳

中国海关出版社有限公司

中国·北京

图书在版编目（CIP）数据

进出境动植物检疫实务. 国际贸易规则篇 / 李建军主编. -- 北京：中国海关出版社有限公司, 2024.
ISBN 978-7-5175-0843-4

Ⅰ. S851. 34；S41

中国国家版本馆 CIP 数据核字第 20243FY450 号

进出境动植物检疫实务：国际贸易规则篇

JINCHUJING DONGZHIWU JIANYI SHIWU：GUOJI MAOYI GUIZE PIAN

总 策 划：韩　钢
主　　编：李建军
责任编辑：孙　倩
责任印制：王怡莎
出版发行：中国海关出版社有限公司
社　　址：北京市朝阳区东四环南路甲 1 号　　邮政编码：100023
网　　址：www. hgcbs. com. cn
编 辑 部：01065194242-7506（电话）
发 行 部：01065194221/4238/4246/5127（电话）
社办书店：01065195616（电话）
https://weidian. com/? userid=319526934（网址）
印　　刷：北京联兴盛业印刷股份有限公司　　经　　销：新华书店
开　　本：710mm×1000mm　1/16
印　　张：13. 75　　字　　数：230 千字
版　　次：2024 年 12 月第 1 版
印　　次：2024 年 12 月第 1 次印刷
书　　号：ISBN 978－7－5175－0843－4
定　　价：68. 00 元

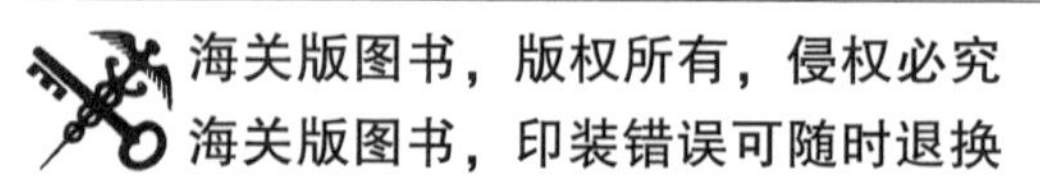

本书编委会

前言

国门生物安全涉及世界贸易组织（WTO）众多国际规则及世界动物卫生组织（WOAH）、《国际植物保护公约》（IPPC）等国际组织相关国际标准。作为上述组织的成员，准确把握国际规则与国际标准要求，做国际经贸规则的坚定维护者和积极建设者，是我国义不容辞的职责。

本书主要阐述WTO《实施卫生与植物卫生措施协定》（SPS协定）、WOAH动物卫生国际标准、IPPC国际植物检疫措施标准等与国门生物安全关系密切的国际规则和国际标准概况与要求，并归纳分析国际动植物检疫发展趋势。此外，本书还概述了《农业协定》、《贸易便利化协定》（TFA）、《技术性贸易壁垒协定》（TBT协定）、《关于争端解决规则与程序的谅解》（DSU）等WTO国际经贸规则要求，以及联合国粮农组织（FAO）、区域植物保护组织（RPPO）、联合国环境规划署（UNEP）、世界自然保护联盟（IUCN）、《国际捕鲸管制公约》（ICRW）、《保护野生动物迁徙物种公约》（CMS）、《国际船舶压载水和沉积物控制与管理公约》等国际组织相关标准、指南，以帮助读者从更广泛角度了解国门生物安全相关的国际规则。

本书的编撰工作由海关总署动植物检疫司统一组织协调。在编写过程中，中国海关出版社及丛书总主编给予了热情指导，编写人员所在单位也给予了大力支持，在此一并表示感谢！

本书可作为海关动植物检疫人员、相关进出口企业、高校与研究院所及其他对动植物检疫与国门生物安全感兴趣的人员学习、研究和把握国门生物安全相关国际规则与国际标准的参考书。由于本书涉及面广、编写时间紧，对相关国际规则和国际标准的总结、归纳难免出现错漏，敬请广大读者批评指正。

CONTENTS
目录

001 CHAPTER 1 第一章 世界贸易组织及其与国门生物安全相关规则

第一节 世界贸易组织概况 003
第二节 SPS 协定及其主要规则 007
第三节 WTO 与国门生物安全相关的其他规则 014
第四节 中国参与 WTO 相关规则制定及执行情况 024

029 CHAPTER 2 第二章 世界动物卫生组织及其与国门生物安全相关规则

第一节 世界动物卫生组织概况 031
第二节 WOAH 与国门生物安全相关的规则和要求 039
第三节 WOAH 兽医机构效能评估工具 080
第四节 中国参与 WOAH 相关规则制修订及应用情况 093

107 CHAPTER 3 第三章 《国际植物保护公约》及其与国门生物安全相关规则

第一节 《国际植物保护公约》概况 109
第二节 IPPC 与国门生物安全相关的主要规则和要求 116
第三节 中国参与 IPPC 相关规则制修订及应用情况 140

147 CHAPTER 4 第四章 其他动植物检疫相关国际规则

第一节 联合国粮农组织规则 149
第二节 区域植物保护组织规则 151
第三节 其他相关国际组织及规则 157

167 CHAPTER 5 第五章 动植物检疫国际规则发展展望

第一节 动物检疫国际规则发展展望 169
第二节 植物检疫国际规则发展展望 184

197 APPENDIXES 附 录

《实施卫生与植物卫生措施协定》 199

参考文献 210

第一章
世界贸易组织及其与国门生物安全相关规则

CHAPTER 1

第一节
世界贸易组织概况

一、世界贸易组织的发展历程

世界贸易组织（World Trade Organization，WTO）是协调国际贸易的政府间国际组织，与世界银行和国际货币基金组织并称为当今世界经济体系“三大支柱”。WTO 成立于 1995 年 1 月 1 日，具有独立法人地位，总部设在瑞士日内瓦。截至 2023 年 7 月，WTO 有 164 个成员，25 个观察员。中国于 2001 年 12 月 11 日正式加入该组织。

WTO 的前身是关税及贸易总协定（General Agreement on Tariffs and Trade，GATT）。1946 年 2 月，在美国和英国提议下，联合国经济及社会理事会第一次会议决定召开国际贸易与就业会议，并任命 19 国组成筹备委员会。筹备委员会主要任务包括达成关于实现和保持高水平稳定就业与经济活动的协定、关于影响国际贸易的管理和限制歧视的协定、关于限制性商业惯例的协定、关于政府间商品安排的协定，以及建立一个作为联合国专门机构的国际贸易组织。

1946 年至 1948 年，经过在伦敦、纽约、日内瓦和哈瓦那等一系列筹备委员会会议，各国完成了多边贸易谈判和国际贸易组织宪章的起草工作。1948 年哈瓦那会议审议通过了以建立全面处理国际贸易和经济合作事宜的国际组织为目的的《国际贸易组织宪章》（又称《哈瓦那宪章》）。《哈瓦那宪章》须由 56 个签字成员方的立法机构批准方能生效，但由于只有个别成员方批准，因此国际贸易组织未能建立。

1947 年年初，国际贸易组织宪章起草委员会在修改完善宪章草案的同时，还起草了 GATT 文本，随后各成员方之间开始关税减让谈判。在 1947 年 10 月 30 日的日内瓦会议上，各成员方签署了包含 GATT 文本、附件、减让表在内的最后文件。比利时、加拿大、卢森堡、荷兰、英国和美国还同时签署了最后文件中的《关税及贸易总协定临时适用议定书》（Protocol of Provisional Application of the General Agreement on Tariffs and Trade, PPA），决定自 1948 年 1 月 1 日起临时适用总协定。参与谈判的其他成员方后来也陆续签署了该议定书。1948 年 2 月至 3 月，GATT 缔约方在哈瓦那召开第一届缔约方大会，国际贸易组织临时委员会承担起 GATT 临时秘书处的工作。由于国际贸易组织未能成立，1947 年 GATT 1947 以临时适用的形式存在下来。虽然 GATT 仅是一项国际协定，但其秘书处承担了多项国际贸易组织的职能，所以也就成为事实上的国际贸易组织。

从 1947 年至 1994 年，GATT 经历了八轮多边贸易谈判，早期回合谈判主要针对货物关税减让，后期谈判则涵盖了反倾销和非关税措施等领域。在 1986 年至 1994 年的 GATT 第八轮谈判（即乌拉圭回合）中，各方就创立 WTO 达成一致。1994 年 4 月 15 日，在摩洛哥马拉喀什召开的关贸总协定部长会议上，乌拉圭回合谈判各项议题协定均获通过，并采取“一揽子”方式加以接受。根据《马拉喀什建立世界贸易组织协定》（中文简称《建立世界贸易组织协定》）的规定，1995 年 1 月 1 日 WTO 正式成立，并与 GATT 共存一年。1996 年 1 月 1 日，WTO 正式取代 GATT 临时机构，成为规范和协调当代全球经济贸易关系最权威的国际组织。

二、世界贸易组织的宗旨和职能

《建立世界贸易组织协定》序言部分明确了 WTO 的宗旨，即提高生活水平，保证充分就业，稳步地提高实际收入和有效需求；扩大货物和服务的生产与贸易；以不同经济发展水平下各自需要的方式，加强采取各种相应的措施；积极努力，确保发展中成员，尤其是最不发达成员在国际贸易增长中获得与其经济发展需要相当的份额。

WTO 的职能主要包括下述六个方面：

一是管理贸易协定。管理 WTO 协定及各项多边协定的执行与运行，促进各协定目标的实现，并对诸边贸易协定的执行管理及运作提供框架。

二是提供贸易谈判平台。即作为多边贸易谈判的场所，组织《建立世界贸易组织协定》和各项协定所涉议题的多边谈判，以及 WTO 部长级会议可能决定的谈判。

三是解决贸易争端。作为贸易纠纷解决的场所，通过贸易争端解决机制保障 WTO 各项协定的实施，并解决成员间的贸易争端。

四是审议成员贸易政策。借助贸易政策审议机制，定期审查各成员实施的与贸易相关的国内经济政策，监督各成员遵守和执行多边协定规则及承诺。

五是提升发展中成员贸易能力。向发展中成员提供援助和培训，解决其贸易政策相关问题，增强其参与多边贸易体制的能力。

六是与其他国际组织合作。以适当的方式与国际货币基金组织、世界银行等国际组织合作，更好地协调和制定全球经济政策。

三、世界贸易组织的管辖范围及相关协定

WTO 的管辖范围广泛，除了传统的货物贸易之外，还涵盖了知识产权、投资措施和非货物贸易（服务贸易）等领域。相关协定具体如下：

1. 关于货物贸易的多边协定，包括：GATT、《农业协定》、《实施卫生与植物卫生措施协定》（Agreement on the Application of Sanitary and Phytosanitary Measures，简称 SPS 协定）、《纺织品与服装协定》、《技术性贸易壁垒协定》（Agreement on Technical Barries to Trade，简称 TBT 协定）、《与贸易有关的投资措施协定》、《反倾销协定》、《海关估价协定》、《装运前检验协定》、《原产地规则协定》、《进口许可程序协定》、《补贴与反补贴措施协定》、《保障措施协定》、《贸易便利化协定》等。

2. 《服务贸易总协定》及附件。

3. 《与贸易有关的知识产权协定》。

4. 《关于争端解决规则与程序的谅解》，即关于贸易争端解决的有关规则及程序。

5. 贸易政策审议机制的协定，负责审议各成员贸易政策法规是否与 WTO 相关协定、条款规定的权利义务相一致。

在上述协定或文件中，多项与国门生物安全密切相关，包括有关货物贸易的 SPS 协定、TBT 协定、《农业协定》、《贸易便利化协定》，以及《关于争端解决规则与程序的谅解》等。

四、世界贸易组织的组织机构

WTO 作为具有法人地位的国际组织，具有健全的组织机构。其最高权力机构是部长级会议，下设总理事会、争端解决机构和贸易政策审议机构。同时下设货物贸易理事会、服务贸易理事会和与贸易有关的知识产权理事会。各理事会又设立了若干附属机构。日常工作由总干事领导的秘书处负责，总干事由部长级会议任命。

（一）部长级会议

部长级会议是 WTO 的最高决策机构，由所有成员主管外经贸的部长、副部长级官员或其授权的全权代表组成，至少每两年举行一次。部长级会议全权履行 WTO 的职能，并为此采取必要的行动，有权对多边贸易协定下的所有事项作出决定。

（二）总理事会

部长级会议下设总理事会，总理事会由全体成员代表组成，通常由各成员驻日内瓦大使和高级代表组成。在部长级会议休会期间，部长级会议的全部职能由总理事会代为行使。事实上，总理事会负责管理和监督 WTO 各项工作，并处理紧急重要事务。总理事会可视需要随时开会，自行拟订议事规则及议程。总理事会还具有两项具体职能，即要作为争端解决机构和贸易政策审议机构召开会议，分别负责 WTO 争端解决机制的运行和实施贸易政策审议的安排。总理事会每年约召开 6 次会议。

（三）理事会及专业委员会等

总理事会下设 3 个理事会，即货物贸易理事会、服务贸易理事会和与贸易有关的知识产权理事会。此外，WTO 还设有多个专业委员会、工作组和工作小组，具体处理单独协定或关于环境、发展、成员申请和区域贸易协定等其他领域的问题。

（四）秘书处与总干事

WTO 设有一个由总干事领导的秘书处，负责处理 WTO 的日常事务。总干事由部长级会议任命，部长级会议明确总干事的权力、职责、服务条件和任期；总干事任命秘书处人员并确定其职责和服务条件。秘书处设在瑞士日内瓦，拥有约 620 名工作人员。

第二节
SPS 协定及其主要规则

SPS 协定是关于各 WTO 成员制定和实施 SPS 措施时应遵循的规则的多边贸易协定。在所有 WTO 协定中，SPS 协定与国门生物安全关系最为密切。

一、SPS 协定概况

（一）SPS 协定的历史渊源

SPS 协定最早可以追溯到 1947 年签署的 GATT。GATT 的“一般例外”（b）款规定，“为保护人类、动物或植物的生命或健康所必需的措施”可以免受 GATT 其他规定的限制。由于 GATT 对所允许采取措施的范围没有给出更明确、更具体的规定，这使得在利益驱动下各签约方政府可能会将卫生和植物卫生措施作为保护其国内企业免于竞争和阻挠农业贸易自由化的工具。1979 年的《标准守则》允许其签约方为寻求“合理”的目标，如为保护人类、动物或植物健康、保护环境、动物福利、宗教方面的目的，采用对贸易具有潜在限制的技术或卫生及植物卫生法规。1986 年至 1994 年乌拉圭回合谈判中形成的《农业协定》，在很大程度上限制了农产品国际贸易中的关税壁垒及大多数非关税壁垒。各缔约方担心这会导致各方采取卫生和植物卫生措施实施隐蔽性贸易保护，就促成了 SPS 措施谈判的平行进行。各成员认识到需要对实施卫生与植物卫生措施给出更详细、更明确的规定和原则，以明确保护健康与贸易措施之间的关系。为此，SPS 协定从 TBT 协定中剥离出来，形成一个与 TBT 协定平行、互不包含的独立协定。

（二）SPS 协定的架构及管辖范围

SPS 协定包括前言、总则、基本权利和义务、协调、等效、风险评估和适当的卫生与植物卫生保护水平的确定、适应地区条件（包括适应病虫害非疫区和低度流行区的条件）、透明度、控制检查和批准程序、技术援助、特殊和差别待遇、磋商和争端解决、管理、实施、最后条款，以及定义、卫生与植物卫生法规的透明度、控制检查和批准程序三个附件。

SPS 协定对其管辖的 SPS 措施予以了明确界定，即下述四类措施：

1. 保护成员境内动物或植物的生命和健康免受病虫害（包括杂草）、带病有机体或致病有机体传入、定殖或扩散所产生的风险；

2. 保护成员境内的人类或动物生命和健康免受食品、饮料或饲料中添加剂、污染物、毒素或致病有机体所产生的风险；

3. 保护成员境内的人类生命和健康免受动物、植物及其产品携带的病害或虫害传入、定殖和扩散所产生的风险；

4. 防止或限制成员境内因有害生物传入、定殖和扩散所产生的其他危害。

SPS 协定对 SPS 措施的外在形式没有特别要求。在实践中，SPS 措施可以是法律、法令、法规、要求和程序的相关规定，如产品标准，工序和生产方法，检验、检查、认证和批准程序，检疫处理有关的要求，有关统计方法、抽样程序、风险分析程序和风险评估方法的规定，与食品安全直接有关的包装和标签要求等。尽管 SPS 措施不受 TBT 协定管辖，但如果套用 TBT 协定关于技术法规、标准和合格评定程序的定义，所有 SPS 措施也可以分为技术法规、标准和合格评定程序三类。

二、SPS 协定的主要规则

SPS 协定承认各成员完全有权利实施以保护人类、动物或植物生命或健康为目的的国家法律和法规，即便这些措施可能会对贸易造成限制。在制定和实施 SPS 措施时，各成员应遵守如下规则。

（一）透明

透明是 SPS 协定对各成员制定和实施 SPS 法规时的最基本要求。简单讲，透明就是各 WTO 成员制定的 SPS 法规应让其他成员知晓，这是避免贸易受阻的前提和基础。SPS 协定对各成员落实透明原则提出了三项要求：

1. 法规草案的通报要求。各成员必须设立通报机构，向 WTO 秘书处通报新制定或修订的与国际标准不一致且对国际贸易可能产生重大影响的

SPS 法规草案。除紧急措施外，通报应当在该法规生效日期前的 60 天送交 WTO 秘书处，以便其他成员至少有 60 天的时间向制定法规的成员提交其反馈意见。如果有必要，进行通报的成员可以延长反馈期限的截止日期，以便于更多的意见能够在这一过程中得到考虑。提交 WTO 的通报表格有固定格式，应包括法规名称、负责机构、涵盖的产品、制定理由、可能受影响的国家/地区、法规基本内容、与国际标准的异同、评议期等。对于紧急措施，可不留评议期。

2. 最终法规的公布要求。各成员应迅速公布所有已采用的卫生与植物卫生法规，以使有利害关系的成员知晓。“迅速”一般指采取措施的当天；“所有”要求公布的内容应是法规的全部；公布途径为“能使相关成员知晓”。公布可以通过官方公报等正式途径，也可以通过新闻通稿、网站等途径，但不论何种方式，该公布途径应为相关成员所熟知。对此，公布方承担举证责任。此外，除紧急情况外，各成员还应在措施公布和实施期间留出适当的过渡期。根据 2001 年多哈部长级会议决定第 5. 2 条的解释，该过渡期应至少为 6 个月。

3. 咨询要求。各成员必须设立国家咨询点，对其他成员关于其 SPS 措施方面的合理问题予以答复，并且能够提供向 WTO 进行通报的新的或修订过的法规以及其他相关文件。在评估咨询点是否正确履行其咨询答复义务时，需要根据接收的问题数量、问题的合理性和性质、问题的复杂程度及一定期限内回复的比例等进行综合判断，对个别咨询不予回复或回复不充分并不构成违规。

（二）协调

为降低各 WTO 成员 SPS 措施的差异给国际贸易增加不必要成本和障碍，SPS 协定要求各成员的 SPS 措施应基于已有的标准，即与国际标准相协调。协调原则有三方面要点：

1. 国际标准的界定。SPS 协定对国际标准给出了明确界定，仅包括《国际植物保护公约》（International Plant Protection Convention，IPPC）、世界动物卫生组织（World Organization for Animal Health，WOAH）和国际食品法典委员会（Codex Alimentarius Commission，CAC）三个国际组织制定的标准。

2. 采用国际标准的方式。国际标准的采用有等同采用和等效采用两种方式。等同采用即完全沿用相关国际标准。等效采用即措施的目标、拟达到的保护水平与国际标准一致，但达到目标的过程可与国际标准有所差异。对于等效采用国际标准的 SPS 措施，在实施时需要对贸易伙伴的等效措施予以考虑和接受。

3. 不采纳国际标准的条件。SPS 协定规定，当相关国际标准无法实现其合法目标时，或者有科学依据证明相关国际标准无法达到其卫生和植物卫生保护水平时，各成员可以采用与国际标准不一致或者更严格的措施。换句话讲，如果 SPS 措施比已有的国际标准严格，则措施制定方必须给出制定该措施的科学理由。对此，措施制定方承担举证责任。

（三）科学

科学是 SPS 协定最重要也是最复杂的原则，要求各成员的 SPS 措施需基于科学原理，如无充分的科学证据则不再维持。科学原则有以下几方面的具体要求：

1. SPS 措施应以“适当风险评估”为基础。风险评估的方法应科学。风险评估有定性、半定量和定量多种类型。SPS 协定未规定在何种情况下可以采用何种类型的评估方法，但要求各成员应考虑国际认可的风险评估方法和技术，即 CAC、IPPC 和 WOAH 制定的相关风险评估方法和程序。风险评估应考虑可获得的科学证据，证据来源必须可靠，具有相当权威性，符合科学标准。评估中的相关推理必须合理，评估结论应得到相应科学证据的支持。采信专家判断应基于已有科学信息，基于相关科学证据对专家判断结果进行解释和说明。此外，风险评估过程应完整记录，保证客观性和透明度。

2. ALOP 应合理。ALOP 是 SPS 协定的一个特有概念，指各成员在制定 SPS 措施时确定的适当保护水平（ALOP），在某些场合也称为“可接受的风险水平”（ALOR）。设定并维持 ALOP 是 SPS 协定授予各成员的基本权利，但应遵循两方面要求：

（1）ALOP 应精确。由于影响人类及动植物健康的风险特性各不相同，相应 ALOP 的表现形式也会多种多样，可以定量，也可以定性，或者是二者的组合。但作为一项衡量指标，不论采取何种形式，均需具体、明确。这要求各成员在设定 ALOP 时，应基于对应的风险特征给出本成员认为合适的明确保护水平要求。

（2）ALOP 应适当。适当意味着其确定的保护水平应与本成员的经济社会发展水平和安全保护需求相匹配，这意味着针对同种风险，不同成员的 ALOP 会不一致，发达成员的 ALOP 可能比发展中成员要高。

3. SPS 措施应避免对贸易造成障碍。SPS 协定要求，各成员在确定适当的卫生与植物卫生保护水平时，应考虑将对贸易的消极影响减少到最低程度的目标。在制定或维持卫生与植物卫生措施以实现适当的卫生与植物卫生保护水平时，各成员应保证措施对贸易的限制不超过为达到适当的卫生与植物卫生保护水平所要求的限度，并考虑经济和技术可行性。这意味着当存在可达到 ALOP 的不同措施时，各成员优先选择对贸易影响相对较小的措施。在实践中判定某项措施是否与本要求相符合时，通常会以是否存在经济和技术上可行、可达到相应 ALOP、比原有措施对贸易的限制明显小的措施为标准。

4. 在科学依据不充分的情况下可采取临时措施。在科学依据不充分的情况下，SPS 协定允许各成员采取临时性 SPS 措施，但需要遵循三个条件：（1）临时措施必须基于可获得的有关信息；（2）采取临时措施后，各成员应积极寻求获得更加客观地进行风险评估所必需的额外信息；（3）在合理期限内对临时措施进行审议。

（四）适应地区条件

适应地区条件是科学原则在疫病疫情区域化管理上的具体体现。SPS 协定要求 SPS 措施与其约束产品的产地和目的地动植物卫生特点相适应。具体而言，有以下三个方面要求，其中前两个方面针对进口成员，第三个方面针对出口成员。

1. 承认非疫区或低度流行区的概念。非疫区是经主管机构确认的未发生特定病虫害的地理区域，低度流行区则是经主管机构确认的特定病虫害发生水平低且已采取有效监测、控制或根除措施的区域。SPS 协定要求各成员承认病虫害的区域化不是一个抽象义务，而是使相关概念可操作的义务，并要制定可实现非疫区和低度流行区认可的特定步骤和程序。

2. 保证措施适应产地动植物卫生状况特点。动植物病虫害发生分布通常不受行政区划的限制，而与气候、地理等自然环境特点相关，可能跨越几个国家，也可以限制在某个国家的特定区域。进口方在制定针对进口产品的 SPS 措施时，要考虑出口方产地风险的不同状况，特别是针对非疫区和低度流行区，实施差别化措施。需要注意的是，鉴于动植物病虫害的发生分布状况会随时间变化而不断变化，相关 SPS 措施也需要根据病虫害变化情况适时调整，即保证 SPS 措施的适应性是一项持续性义务。为此，作为 WTO 成员，不但需要在措施制定时考虑目标地区的卫生状况，还要在措施实施后开展回顾性审查和必要的修订调整，以保证持续符合适应性要求。

3. 出口方对本地区的相关病虫害发生状况承担举证责任。在国际贸易中，出口方如要求进口方对本方产品实施区域化管理，出口方需要提供“必要”的证据，向进口方“客观”证明相关区域符合非疫区或低度流行区要求，进口方有检查、验证的权利。对于“必要”“客观”的判断标准，则需要结合具体案例具体分析。需要注意的是，尽管出口方提供的证据往往是进口方开展评估以确定目标区域的卫生状况，从而保证措施适应性的前提，但二者之间并非必然存在法律上的逻辑关系。也就是说，即使出口成员未按规定提供必要的证据，进口方也可能被认定违背上述第二点要求。

（五）等效

SPS 协定规定，如出口成员客观地向进口成员证明其卫生与植物卫生措施达到进口成员适当的卫生与植物卫生保护水平，则各成员应将其他成员的措施作为等效措施予以接受，即使这些措施不同于进口成员自己的措施，或不同于从事相同产品贸易的其他成员使用的措施。应请求各成员应进行磋商，以便就承认具体卫生与植物卫生措施的等效性问题达成双边和多边协定。因此，SPS 协定的等效强调的是不同 SPS 措施在疫病防控、安全保护效果上的等效。对此，出口方具有举证责任，进口方有验证权利。在实践中，等效性诉求可以针对某项具体措施，也可以针对某类管理措施体系。就动物检疫、植物检疫和食品安全等各领域的等效性判定程序及技术要点而言，WOAH、IPPC 和 CAC 制定有相关指南。

（六）非歧视

SPS 协定要求各成员应保证其卫生与植物卫生措施不在情形相同或相似的成员之间，包括在成员自己领土和其他成员的领土之间，构成任意或不合理的歧视；卫生与植物卫生措施的实施方式不得构成对国际贸易的变相限制；同时，各成员应避免其 ALOP 在不同的情况下存在任意或不合理的差异。简单讲，即对情形相同或相似的不同成员产品、进口和本国产品应一视同仁。反过来，如果风险情况不相同或相似，则可以采取差异性措施。因此，判断 SPS 措施是否“歧视”的关键是对风险情形“相同或相似条件”的确认，对此质疑方承担举证责任。需要注意的是，“非歧视”并不要求 SPS 措施必须完全一致，可以针对产品实际风险的差异采取差异化的风险管控措施，只要这些差异化措施达到的 ALOP 一致即可。

（七）特殊和差别待遇

SPS 协定赋予发展中成员特别是最不发达成员一些特定权利，主要包括三方面要求：（1）各成员在制定和实施 SPS 措施时，应考虑发展中成员特别是最不发达成员的特殊需要，如给予更长的过渡期；（2）在适用 SPS 协定规则时，委员会有权给予发展中成员特别是最不发达成员一些豁免，如延期实施与影响进口措施有关协定的权利；（3）鼓励对发展中成员提供援助，以保证发展中成员能加强其在食品安全及动物与植物卫生保护方面的能力，鼓励相关国际组织对发展中成员开展技术培训。

（八）“控制、检查和批准程序”的要求

SPS 协定第 8 条及附件 C 对“控制、检查和批准程序”合规性要求作出了原则规定，包括四个方面。（1）非歧视。控制、检查和批准程序的实施方式不严于国内同类产品，支付费用应公平且不高于实际费用，采用方式与国内同类产品相同，信息保密要求不低于国内同类产品。（2）必要性。对信息的要求仅限于控制、检查和批准程序所必需的限度，对样品的任何要求仅限于合理和必要的限度。（3）时限性。应公布每一程序的标准处理时限，或应请求告知申请人预期的处理期限，检查程序的执行不应不合理延迟。这就要求各成员确保以适当的速度开展和完成相关程序，不能有任何不必要的、过度的、不相称的或不合理的时间段。（4）透明度。接到控制、检查和批准程序相关申请后，应迅速审查文件是否齐全，并以准确和完整的方式通知申请人所有不足之处，应尽快以准确和完整的方式向申请人传达程序的结果，应请求将程序所进行的阶段通知申请人，并对任何延迟作出说明。

SPS 协定各条款既相对独立，又彼此依赖。以 SPS 协定的协调原则为

例，其要求 SPS 措施应基于国际标准，但同时允许在有充分科学证据的情况下采用高于国际标准要求的措施，而充分科学证据就涉及 SPS 协定的重要原则“科学原则”，需要通过风险评估证明其措施具有“充分科学依据”；反过来，“科学原则”要求开展风险评估时要考虑国际组织制定的风险评估。基于此，不论是在理解还是运用 SPS 协定时，不但要关注每项条款的具体要求，而且要关注各条款间的相互联系，做到整体把握。

第三节 WTO 与国门生物安全相关的其他规则

在 WTO 框架下，除 SPS 协定外，《农业协定》、《贸易便利化协定》、TBT 协定等也或多或少涉及国门生物安全。

一、《农业协定》

（一）协定内容概要

《农业协定》是乌拉圭回合谈判最后达成的协定。协定为农产品贸易和国内政策的长期改革提供了框架，旨在使农产品贸易竞争更加公平、扭曲程度更小。协定文本包括序言和 21 个条款，分 13 个部分，另外还有 5 个附件。协定基本上覆盖全部农产品，包括大多数加工农产品和一些具体产品，如生皮、生丝、羊毛和棉花，但不包括鱼和鱼制品。

《农业协定》主要制定市场准入、国内支持和出口竞争 3 个领域的国际规则，并达成相关约束性承诺，以期逐步降低农产品关税及其他非关税壁垒，促进农产品贸易自由化。

1. 市场准入。农产品市场准入承诺的核心是建立“单一关税制”（即关税化）、关税削减和约束全部农产品关税。协定要求各成员尽力排除非关税措施的干扰，将非关税壁垒关税化（把所有的进口壁垒转化为关税），禁止使用新的非关税壁垒的规定，以削减农业贸易领域的非关税壁垒。各成员还达成了增加农产品市场准入机会的协定，以促进农产品贸易自由化的实现。具体规定包括：

（1）关税化。协定只允许使用关税手段对农产品贸易进行限制。所有进口数量限制、进口差价税、最低进口价格、任意性进口许可证、经营国家专控产品的单位所保持的非关税措施、自愿出口控制，以及普通关税以外的同类边境措施等非关税措施均须转化为进口关税。

（2）关税削减。根据关税削减的规定，所有成员需要削减并约束各自的全部农产品关税，包括关税化过程所产生的关税。

（3）保证最低市场准入。农产品进口壁垒转变为关税后，有些农产品关税将会很高，并影响到农产品的进口价格，以至于减少农产品的进口，或者难以进口。考虑到这种情况，为了在农产品进口壁垒转变为关税后仍保证一定程度的进口量，协定制定了市场准入的规则。

（4）维持现行市场准入。对尚无足够数量进口的农产品，规定了最低限度的准入。

（5）特殊保障条款。农产品的非关税壁垒转变为关税后，如果进口急剧增加，并对国内产业造成影响，对部分产品进口数量的增加或者进口价格的降低，可以无代价地追加征收关税。

（6）特殊和差别待遇。协定放宽了对发展中成员市场准入的要求。

2. 国内支持（国内补贴）。《农业协定》国内支持条款的核心是鼓励采用对生产和贸易扭曲作用尽可能小的支持措施和政策。协定将国内支持措施分为两类：一类是不引起贸易扭曲的政策，称为“绿箱”政策，可免予减让承诺；另一类是产生贸易扭曲的政策，叫“黄箱”政策，协定要求各方用综合支持量（AMS）来计算其措施的货币价值，并以此为尺度，逐步予以削减。

3. 出口补贴。出口补贴指按出口行为而给予的补贴，是最容易产生不公平竞争（贸易扭曲）的政策措施。协定确定了适用于农产品出口补贴的新基本规则，并达成了以减让基期的出口补贴为尺度，在一定的实施期内逐步削减的有关协定，具体包括：减让基期；列入减让承诺的出口补贴措施范围；减让承诺；控制补贴的扩大。《农业协定》还规定，对于不受制于具体削减承诺的任何农产品，或对于可以接受允许发展中成员使用的特殊和差别待遇的任何农产品，禁止使用该协定所列的任何出口补贴。

（二）国门生物安全相关规则

在《农业协定》中，涉及国门生物安全的规则主要是协定第 8 部分“第 14 条 卫生与植物卫生措施”。该条规定“各成员同意实施《实施卫生与植物卫生措施协定》”。这意味着《农业协定》中关于“只允许使用关税手段对农产品贸易进行限制”的要求不适用于 SPS 措施，即各成员可采取 SPS 措施，即便其对农产品贸易带来障碍。各成员制定和实施 SPS 措施的行为受 SPS 协定规则管辖。

《农业协定》第 14 条通过引用 SPS 协定，再次确认了各成员设定自身卫生与安全标准的权利，但其前提是要有科学证据且不会对农产品贸易造成任意的和不合理的障碍；同时鼓励各成员采用国际标准，包括某些特殊和差别处理规定。据此，在农产品贸易中，各成员不得以环境保护或动植物卫生为理由变相限制农产品进口；对进口农产品的 SPS 措施必须以科学证据（国际标准和准则）为基础，但在科学证据不充分时，成员可根据已有的有关信息，采取临时措施；所有此类进口限制措施都必须在充分透明的前提下实施。

二、《贸易便利化协定》

《贸易便利化协定》（Trade Facilitation Agreement，TFA）是 WTO 最新制定的协定。2014 年 11 月，WTO 总理事会通过了《修正〈马拉喀什建立世界贸易组织协定〉议定书》，将 2013 年 12 月 WTO 第 9 届部长级会议通过的《贸易便利化协定》作为附件纳入《建立世界贸易组织协定》，开放供成员接受。我国于 2015 年 9 月 4 日向 WTO 提交批准书。2017 年 2 月 22 日，卢旺达、阿曼、乍得及约旦 4 个成员向 WTO 提交批准书。至此，接受该协定的成员达到 112 个，超过 WTO 协定规定的三分之二成员接受的生效条件，协定正式生效。

（一）协定概要

《贸易便利化协定》共分为三大部分 24 个条款，对加速货物的放行和流动、提高贸易效率、降低贸易成本等作出具体规定，包括简化通关手续并使其标准化，要求海关和其他政府机构开展有效合作，同时充分考虑给予发展中成员和最不发达成员特殊和差别待遇。

1. 第一部分（第 1 至 12 条）规定了各成员在贸易便利化方面的实质性义务，涉及信息公布、预裁定、货物放行与结关、海关合作等内容，共有 40 项贸易便利化措施。

2. 第二部分（第 13 至 22 条）规定了发展中成员在实施协定第一部分条款方面可享受的特殊和差别待遇，主要体现在实施期和能力建设两个方面。根据协定，发展中成员可在第一部分条款中自行确定在协定生效后立即实施的条款（即 A 类措施）、经过一定过渡期实施的条款（即 B 类措施）和经过一定过渡期并通过能力建设获得实施能力后实施的条款（即 C 类措施），并向 WTO 通报。

3. 第三部分（第 23 至 24 条）涉及机构安排和最后条款，规定成立 WTO 贸易便利化委员会，各成员应成立国家贸易便利化委员会或指定现有机制，以及该协定适用的争端解决机制。

（二）国门生物安全相关规则

《贸易便利化协定》关注的是包括动植物检疫及生物安全措施在内的国际货物贸易相关措施的“便利化”问题。该协定不减损各成员在 TBT 协定和 SPS 协定下的各项权利与义务，不降低各成员为保护国家安全、防止欺诈行为、保护人类健康或安全、保护动植物生命健康或保护环境等合法目标而制定的措施保护水平，但对措施的透明度、科学性以及货物查验流程及不合格处理等方面提出了更多要求，这些要求通常称为“SPS+”条款。主要包括：

1. 信息的公布与可获性。该条款规定了各成员在信息公布和可获性方面的义务，包括迅速公布进口、出口和过境相关要求及程序信息；通过互联网提供进口、出口和过境程序，表格单证说明信息以及咨询单联系信息；建立咨询点回答政府、贸易商及其他相关方咨询；向贸易便利化委员会通报官方地点、网站网址等信息。SPS 协定在第 7 条和附件 B 中明确了措施信息发布和其他透明度义务。SPS 委员会也制定了执行透明度义务的推荐程序（G/SPS/7/Rev. 3）。在信息发布和可获性方面，《贸易便利化协定》与 SPS 协定的部分规定基本类似或一致。但《贸易便利化协定》部分条款规定的义务似乎超出 SPS 协定明确的义务，具体如下：

（1）《贸易便利化协定》要求各成员发布关于进口和出口要求及相关程序的各类信息（如表格单证、规费及费用等），而 SPS 协定要求成员发布的只有SPS法规。

（2）《贸易便利化协定》要求各成员在互联网发布进口、出口和过境程序，且可行的话应采用WTO官方语言之一。SPS协定只是鼓励成员在互联网上发布SPS法规，且该鼓励并不在SPS协定文本内，只是在关于透明度的推荐程序中提出。

2. 评论机会、生效前信息及磋商。该条款规定各成员应为贸易商和其他利益相关方提供机会和适当时限，就与货物、包括过境货物的流动、放行和结关相关的拟议或修正的普遍适用的法律法规进行评论。这些法律法规应在生效前尽早发布。各成员应酌情规定边境机构与其领土内的贸易商或其他利害关系方进行定期磋商。SPS协定要求各成员设立SPS国家通报机构，使用预设的通报表格向其他成员尽早通报其拟议SPS措施，并给予“合理的时间”接受评议（附件B.5）。在推荐程序中将该时限明确为至少6个月。相比较而言，《贸易便利化协定》超出SPS协定的义务规定是要求边境机构与其领土内的贸易商或其他利害关系方之间的定期磋商。

3. 预裁定。该条款规定了各成员就货物税则归类及货物原产地对申请人作出预裁定的相关义务。但其中提及鼓励各成员对“认为适合作出预裁定的任何其他事项”提供预裁定（3.9.b.IV）。SPS协定并无预裁定问题。如果“认为适合作出预裁定的任何其他事项”包含进口时的SPS控制措施，则该义务即超出SPS协定规定。

4. 增强公正性、非歧视性及透明度的其他措施。该条款涉及增强监管或检查的通知（第5.1条）、扣留（第5.2条）、检验程序（第5.3条）。第5.1条“增强监管或检查的通知”明确了对增强监管或检查水平的通知或指南的发布要求。该规定涉及各成员为保护其领土内人类、动物或植物的生命或健康，而增强对所涉食品、饮料或饲料的边境监管或检查水平的通知或指南。这也就涉及了SPS协定规制的SPS措施。而该条款提出的各成员采用或设立的（进口/警告）系统超出了SPS协定规定的透明度义务。此外，该条款中涉及的各成员向承运商或进口商通报扣留货物情况的义务，以及检验程序便利化要求等，在SPS协定中则均未涉及。

5. 关于对进出口征收或与进出口和处罚相关的规费和费用的纪律。该条款明确了进出口征收或与进出口相关的规费和费用，以及海关相关业务规费和费用以及处罚等的相关规定。SPS控制、检查和批准程序相关的边境收费也似乎应归入该条款适用范围。相对于 SPS 协定，《贸易便利化协定》增加了对规费和费用更细化的透明度要求，以及定期审查要求，但对 SPS 控制、检查和批准程序现有要求则没有突破。

6. 货物放行与结关。该条款规定了各成员应该设立或采用的对进出口和过境货物的放行与结关程序。由于许多要求可能适用于 SPS 控制措施（如抵达前业务办理、确定和公布平均放行时间等），所以该条款的规定也超出了 SPS 协定要求。当然，条款中也明确了“本条规定不得影响一成员对货物进行检查、扣留、扣押或没收或以任何与其 WTO 权利和义务不相冲突的方式处理货物的权利”（第 7.3.6 条）和“第 8.1 和 8.2 款不得影响一成员对货物进行查验、扣留、扣押、没收或拒绝入境或实施后续稽查的权利，包括使用风险管理系统相关的权利。此外，第 8.1 和 8.2 款不得妨碍一成员作为放行的条件，要求提交额外信息和满足非自动进口许可程序要求的权利”（第 7.8.3 条）。这也就避免了加快放行与结关对 SPS 协定规定的各成员 SPS 控制权利的侵蚀。

7. 与进出口和过境相关的手续。该条款规定了进出口和过境相关手续和单证要求，装运前检验等，以降低相关手续的发生率和复杂度，并简化单证要求。条款多项内容涉及 SPS 措施，但部分明确指出不会影响 SPS 协定的实施，如鼓励不再采用或适用新的装运前检验要求（不影响以卫生与植物卫生为目的所进行的装运前检验）、适用共同边境程序和统一单证要求（不妨碍以与 SPS 协定相一致的方式区分其程序和单证要求）。条款中关于审议进出口和过境相关手续和单证要求的义务规定（第 10.1.1 条），以及针对未满足 SPS 要求而被拒绝进境的货物，允许进口商重新托运或退运（第 10.8.1 条）的规定，则超出 SPS 协定规定。但关于拒绝入境货物的规定，也明确了重新托运或退运，应在各成员“遵守和符合其法律法规的前提下”，所以其对各成员 SPS 权利的影响有限。

8. 过境自由。该条款规定了过境货物的处理程序和单证要求等内容，以提高货物过境自由度。SPS 协定适用于过境货物，但并不包含此类具体条款。《贸易便利化协定》中对过境货物手续和单证限制要求（第 11.6 条）以及允许货物抵达前提前提交和处理过境单证和数据的规定（第 11.9 条）均可能超出 SPS 协定规定。

总体而言，《贸易便利化协定》中可能超出 SPS 协定义务的规定主要集中在对相关措施的透明度等方面，并不会对 SPS 协定形成实质性挑战。同时，为避免两个协定间的冲突，《贸易便利化协定》第 24 条“最后条款”的第 6 款明确规定“本协定任何条款不得解释为减损各成员在《技术性贸易壁垒协定》和《实施卫生与植物卫生措施协定》项下的权利和义务”。

三、《技术性贸易壁垒协定》（TBT 协定）

TBT 协定是规范各成员制定和实施技术法规、标准和合格评定措施行为的协定，其目的是避免这些措施对贸易形成不必要的壁垒。TBT 协定谈判始于 GATT 的东京回合，并于 1979 年签署了诸边《技术性贸易壁垒协定（1979）》，又称《标准守则》。在乌拉圭回合谈判中，TBT 协定被修订，并于 1994 年在马拉喀什正式签署生效。

（一）协定概要

TBT 协定正文分 6 个部分，包括 15 条 89 款 40 个子项，以及 3 个附件。TBT 协定第 1 条总则，规定了协定的适用范围等内容；第 2~4 条涉及技术法规和标准问题，规范了各成员中央政府、地方政府和非政府机构制定、采用和实施技术法规应遵循的规则及义务，以及各成员制定、采用和实施标准时应遵循的规则及义务；第 5~9 条涉及技术法规和标准合规问题，规范了各成员中央和地方政府机构在合格评定方面应遵循的规则和义务，各成员对非政府机构合格评定程序的规范义务，以及对国际及区域性体系的参与规则；第 10~12 条涉及信息和援助问题，明确了各成员在技术法规、标准和合格评定程序信息透明度方面的义务，以及对其他成员的技术援助和对发展中成员的特殊和差别待遇规定；第 13~14 条涉及机构、磋商和争端解决问题，明确了技术性贸易壁垒委员会组织机构及职责，技术性贸易壁垒相关磋商和争端解决程序；第 15 条最终条款明确了各成员不得对协定条款提出保留，同时也规定了协定的审议要求。此外，协定还有 3 个附件，分别为：附件 1 协定中所涉术语及定义，附件 2 技术专家小组的职权、组成及工作程序等，附件 3 制定、采用和实施标准的良好行为规范。

（二）国门生物安全相关规则

TBT 协定规定各成员制定和实施 TBT 措施时需遵守以下原则。

1. 最少贸易限制原则。协定规定各成员有权制定自己的技术法规、标准和合格评定程序以实现维护国家安全、防止欺诈行为、保护人类健康或安全、保护动植物生命健康或保护环境等合法目标。同时，协定也要求各成员确保 TBT 措施的制定、采纳和实施要以科学资料和事实证据为基础，不应给国际贸易带来不必要的障碍。为此，TBT 措施对贸易的限制不得超过为实现合法目标所必需的范围，并考虑这些合法目标未实现所带来的风险。

2. 非歧视原则。非歧视原则包括最惠国待遇和国民待遇两方面内容。TBT 协定第 2.1 条规定，各成员在 TBT 措施的制定和实施方面，给予从任意成员领土进口的产品的优惠待遇不得低于给予国内同类产品和其他成员同类产品的待遇。

3. 协调原则。协定鼓励各成员在制定技术法规、标准及合格评定程序时，使用现有的国际标准、指南或建议，除非因为国家安全要求、防止欺诈行为、保护人类健康或安全、保护动物或植物的生命或健康及保护环境、基本气候因素或其他地理因素、基本技术问题或基础设施问题的原因不适当或无效（第 2.4 条、第 5.4 条等）。协定也鼓励各成员在力所能及的范围内充分参与有关国际标准化机构制定标准（第 2.6 条）、指南和合格评定程序有关的工作（第 5.5 条）。

4. 等效原则。协定规定为更广泛地在各成员之间实现协调，各成员应积极考虑接受其他成员的技术法规，即使这些法规不同于自己的法规，只要确信这些法规足以实现与自己的法规相同的目标，即承认其等效（第 2.7 条）。协定还鼓励各成员应保证，只要可能，即接受其他成员合格评定程序的结果，即使这些程序不同于自己的程序，只要确信这些程序与其自己的程序相比同样可以保证产品符合有关技术法规或标准（第 6.1 条）。

5. 透明原则。协定规定各成员应履行对 TBT 措施的通知义务，迅速通知委员会已有或已采取的保证本协定实施和管理的措施。此后，此类措施的任何变更也应通知委员会（第 15.2 条）。为履行通知义务，每个 WTO 成员都要设立国家通报机构和咨询点，具体负责通报和咨询等工作（第10 条）。

6. 特殊与差别待遇。协定在序言部分强调了对发展中成员优惠待遇的重要性和必要性。该原则集中体现在第 11 条和第 12 条。

从上述内容可以看出，TBT 协定与 SPS 协定在各成员基本权利、义务及制定相关措施时的规则非常相近，如都要遵从透明原则、协调原则、非歧视原则、等效原则、特殊与差别待遇原则等，但也存在一定差异。如科学原则就为 SPS 协定所独有。同时，TBT 协定的协调原则与 SPS 协定的协调原则内涵也有所不同。

TBT 协定涵盖农产品、食品、工业品等所有产品，因此也涵盖国门生物安全相关进出境货物；在政策目标方面，TBT 协定认定的各成员采取 TBT 措施的合法目标包括国家安全要求、防止欺诈行为、保护人类健康或安全、保护动物或植物的生命或健康及保护环境等，因此也涵盖国门生物安全。然而，需要注意的是，国门生物安全措施绝大多数属于 SPS 协定的管辖范畴，而 SPS 协定与 TBT 协定具有相互排斥性，即属于 SPS 协定管辖的国门生物安全措施不受 TBT 协定管辖。

四、《关于争端解决规则与程序的谅解》

《关于争端解决规则与程序的谅解》（Understanding on Rules and Procedures Governing the Settlement of Disputes，DSU）是 WTO 的一项多边贸易规则，是在 GATT《关于通知、磋商、争端解决和监督的谅解》的基础上修改达成的，主要规定了 WTO 贸易争端解决程序。DSU 建立的 WTO 争端解决机制被称为“世界贸易组织皇冠上的明珠”，已成为各成员维护自身经济贸易权益，解决争端的主要手段。

（一）协定概要

DSU 全文 27 条，外加 4 个附件。正文内容主要包括：范围和适用，管理，总则，磋商，斡旋、调解和调停，专家组（设立、职权范围、组成、职能、程序），多个起诉方的程序，第三方，寻求信息的权利，机密性，中期审议阶段，专家组报告的通过，上诉审议（常设上诉机构、上诉审议的程序、上述机构报告的通过），与专家组或上诉机构的联系，专家组和上诉机构的建议，争端解决机构决定的时限，对执行建议和裁决的监督，补偿和中止减让，多边体制的加强，涉及最不发达成员的特殊程序，仲裁，非违反起诉及秘书处职责等条款。

DSU 主要规定了争端解决的范围、实施及管理；争端解决的原则精神；争端解决的优先目标（保证 WTO 规则的有效实施）；争端解决的程序及时限；实行“反向协商一致”的决策原则；禁止未经授权的单边报复；允许交叉报复等内容，进而构建起了 WTO 争端解决机制。WTO 根据 DSU 设立了争端解决机构（DSB）。

DSU 附件 1 明确了该谅解的适用协定，其中包括《建立世界贸易组织协定》附件 1A 多边货物贸易协定，这也就意味着其适用于 SPS 协定、TBT 协定、《农业协定》、《贸易便利化协定》等。

附件 2 明确了适用协定所含特殊或附加规则与程序，其中包括：（1）SPS 协定的第 11.2 条“在本协定项下涉及科学或技术问题的争端中，专家组应寻求专家组与争端各方磋商后选定的专家的意见。为此，在主动或应争端双方中任何一方请求下，专家组在其认为适当时，可设立一技术专家咨询小组，或咨询有关国际组织”；（2）TBT 协定的第 14.2 条“专家组可自行或应一争端方请求，设立技术专家小组，就需要由专家详细研究的技术性问题提供协助”，第 14.4 条“如一成员认为另一成员未能根据第 3 条、第 4 条、第 7 条、第 8 条和第 9 条取得令人满意的结果，且其贸易利益受到严重影响，则可援引上述争端解决的规定。在这方面，此类结果应等同于如同在所涉机构为一成员时达成的结果”，以及附件 2“技术专家小组”相关规则。

（二）国门生物安全相关应用

WTO 争端解决机制适用于各项货物贸易协定、服务贸易总协定、与贸易有关的知识产权协定等几乎所有 WTO 协定涉及的争端事项。与动植物检疫及国门生物安全相关的所有争端均可诉诸争端解决机制。自 1995 年至 2023 年，涉及 SPS 协定的 WTO 争端案例多达 50 余件，其中“美国诉欧盟肉产品中荷尔蒙限制措施争端案”（DS26）、“欧盟诉俄罗斯猪肉禁令争端案”（DS475）、“新西兰诉澳大利亚苹果检疫措施争端案”（DS367）等很多案例均与生物安全相关。2019 年“加拿大诉中国进口油菜籽检疫措施争端案”（DS589）也属于生物安全范畴。2019 年 9 月 9 日，加拿大就中国对加拿大进口油菜籽采取的措施提起在 WTO 争端解决机制下的磋商请求。在磋商请求中，加拿大指称中国暂停从两家加拿大公司进口油菜籽的措施，以及中国对所有源自加拿大的油菜籽加强检验的措施，违反了 SPS 协定、GATT、《贸易便利化协定》的相关条款。

第四节
中国参与 WTO 相关规则制定及执行情况

2001 年 12 月 11 日，中国成为 WTO 第 143 个成员。加入 WTO 之后，中国始终是多边贸易体制的坚定维护者，充分履行 WTO 各项协定及加入 WTO 承诺。同时，中国也积极参与 WTO 相关规则的制定，支持 WTO 进行必要的改革，推动多边贸易体制与时俱进，更好地适应时代的发展。

一、中国执行 WTO 相关规则情况

加入 WTO 后，中国充分履行各项义务，持续加强贸易政策合规工作，全面执行 WTO 协定及其附件和后续协定、《中华人民共和国加入议定书》和《中国加入工作组报告书》相关规定。

（一）中国加入 WTO 承诺

在中国加入 WTO 承诺中，涉及国门生物安全的相关义务承诺包括：

1. 针对卫生与植物卫生措施（SPS 措施）。自加入之日起完全遵守 SPS 协定，将保证其所有与 SPS 措施有关的法律、法规、法令、要求和程序符合 SPS 协定。仅在保护人类和动植物的生命或健康所必需的限度内实施 SPS 措施。不会以作为对贸易的变相限制的方式实施 SPS 措施。如无充分的科学依据，则不维持不必要的 SPS 措施。

2. 针对技术性贸易壁垒。使所有技术法规、标准和合格评定程序符合 TBT 协定。不迟于加入之日，使《中华人民共和国进出口商品检验法》及其实施条例、实行进口商品安全许可制度的商品有关的技术法规和合格评定程序以及其他相关法律法规符合 TBT 协定。承诺公布技术法规、标准或合格评定程序依据的标准，并给予提出意见的机会；使用国际标准作为技术法规的基础；采用国际标准作为合格评定程序的基础，不对进口产品造成歧视。此外，也针对对其他 WTO 成员的认证机构的认可以及对合格评定机构的管理作出相关承诺。

此外，中国关于政策制定和执行体制方面的加入 WTO 承诺，如修改和制定贸易政策、贸易政策的透明度等，也会涉及 SPS 相关管理措施的制定与实施。

（二）中国执行规则情况

加入 WTO 后，在 SPS 措施规制实践中，中国全面履行各项义务承诺，在提升相关国内贸易政策合规性的同时，提高措施的透明度。

1. 提升贸易政策合规性。为构建符合多边贸易规则的法律体系，中国加入 WTO 后就大规模修订法律法规。2014 年，制定进一步加强贸易政策合规工作的政策文件，要求各级政府在拟定贸易政策时，对照 WTO 协定及中国加入 WTO 承诺进行合规性评估。中国将 SPS 相关国际规则转化到国内相关措施之中。如《无规定动物疫病区评估管理办法》《进境植物和植物产品风险分析管理规定》均采用了区域化和风险评估相关国际原则。这确保了中国 SPS 措施对 WTO 等国际规则的符合性，也提高了措施的可预见性。

2. 全面履行透明度义务。随着国家政府机构职能优化，2018 年国家质检总局出入境检验检疫职责与队伍划入海关总署，海关开始承担国门生物安全等出入境检验检疫职能，成为 SPS 措施重要的协调部门。设在海关总署国际检验检疫标准与技术法规研究中心的中国 SPS 通报咨询点负责与各部委等沟通协调通报事宜，并对各部门填报的 SPS 通报表格进行形式审查。商务部世界贸易组织司（中国政府世界贸易组织通报咨询局）承担中国国家通报机构职责，负责 SPS 措施和其他贸易政策的合规工作及与相关部门的协调，负责对通报的最终审查。截至 2024 年 6 月，中国已发布 SPS 通报 1501 件。

二、中国参与 WTO 规则制定情况

SPS 协定、《农业协定》、《贸易便利化协定》等协定作为 WTO “一揽子”多边协定，对全体成员具有约束力。WTO 协定是各成员长期谈判的成果，其条款内容较为稳定，在后续执行过程中的实施情况审议并不会涉及对协定条款的新谈判。因此，各协定订立的相关国际规则较为稳定，通过修订 WTO 协定或达成新协定来制定新 WTO 规则的情况并不多。

（一）WTO 规则制修订情况

1. WTO 协定的修订。自 WTO 成立至今，首次对 WTO 协定的修订是针对《与贸易有关的知识产权协定》的一项修订议定书。2005 年 12 月 6 日，WTO 总理事会通过了《修改〈与贸易有关的知识产权协定〉议定书》，规定在符合有关条件的前提下，各成员可以授予其企业生产并出口特定专利药品的强制许可，突破了原协定关于强制许可的使用应主要为供应国内市场的规定，以便向缺乏药品生产能力的成员出口仿制药，进而解决这些成员面临的公共健康问题。2007 年 10 月 28 日，中国第十届全国人民代表大会常务委员会第三十次会议批准通过该议定书。2017 年 1 月 23 日，批准该议定书的 WTO 成员达 112 个，超过成员总数的三分之二，议定书自当日起正式生效。

2. 新 WTO 协定的达成。《贸易便利化协定》是 WTO 成立以来达成的首个多边贸易协定，也是中国加入 WTO 后参与并达成的首个多边货物贸易协定。该协定是多哈回合谈判启动以来取得的“里程碑式”进展。在多哈回合各项议题谈判中，中国都积极全面参与，提出和联署谈判建议百份以上，推动贸易便利化、农业出口竞争等多项议题达成协议，推动多边贸易体制不断完善。2015 年，中国成为接受《贸易便利化协定》议定书的第 16 个 WTO 成员。2016 年，中国担任二十国集团主席国期间，推动多国完成《贸易便利化协定》的国内批准程序，为协定早日生效作出积极贡献。

（二）中国参与规则制定情况

中国在全面履行 SPS 协定等协定义务的同时，也积极参与相关协定审议等活动，积极就 SPS 措施透明度等问题提出意见建议，推动协定的有效实施和相关规则的严格履行。此外，中国也强化对 WTO/TBT 委员会和 WTO/SPS 委员会公共议题研讨的实质性参与，2019 年先后 6 次派员在相关例会上做专题大会发言，分享我国在维护进出口食品安全、良好规制实践、草地贪夜蛾（别名秋粘虫）疫情应对、非洲猪瘟防控、TBT 协定透明度义务履行、SPS 协定透明度国内协调等方面的经验做法，持续发出中国声音，得到各成员的充分肯定和积极回应。

此外，中国也积极支持对 WTO 进行必要的改革。中国于 2018 年 11 月发布《中国关于世贸组织改革的立场文件》，阐述了中国对 WTO 改革的基本原则和具体主张。以立场文件为基础，中国又制定了《中国关于世贸组织改革的建议文件》，并于 2019 年 5 月 13 日正式将其提交 WTO。在建议文件中，虽然未有直接涉及 SPS 协定等 SPS 相关规则的建议，但部分建议也会涉及 SPS 相关规则的实施，具体包括：

1. 打破上诉机构成员遴选僵局。针对上诉机构成员遴选持续受阻，严重威胁争端解决机制正常运行，给整个 WTO 带来迫在眉睫的体制性风险，中国与多个 WTO 成员提交了关于争端解决上诉程序改革的联合提案，建议成员积极参与总理事会下的非正式进程，以案文为基础开展实质性讨论，以回应和解决个别成员就离任上诉机构成员过渡规则、上诉审查 90 天审理期限、国内法律含义、对解决争端非必要裁决、先例等问题提出的关注，并维护和加强上诉机构独立性和公正性，尽快启动上诉机构遴选程序。

2. 加强成员通报义务的履行。成员在履行通报义务方面距离 WTO 各项协定的要求还有差距。受制于通报能力欠缺等原因，部分成员的通报还存在滞后性。同时，一些成员提交的反向通报质量有待改进。对此，中国建议：一是发达成员在履行通报义务上发挥示范作用，确保通报全面、及时、准确；二是成员应提高补贴反向通报质量；三是成员应增加经验交流；四是秘书处应尽快更新通报技术手册并加强培训；五是应努力改进发展中成员通报义务的履行，对于确因能力不足无法及时履行通报义务的发展中成员特别是最不发达成员，应通过技术援助加强其通报能力建设。

3. 改进 WTO 机构的工作。WTO 理事会和委员会日常工作的潜能和作用尚未充分发挥，例会上部分议题长期议而不决，运行效率有较大提升和改进的空间。对此，中国建议成员积极探索提升 WTO 效率的方式方法，包括但不限于：改进各机构议事程序；根据各机构实际情况增加或减少会议频率；鼓励秘书处加强对重要经贸议题的研究，加强与其他国际组织的合作，帮助发展中成员妥善应对和解决例会具体贸易关注；进一步增强秘书处的代表性，稳步增加来自发展中成员的职员占比等。

第二章

世界动物卫生组织及其与国门生物安全相关规则

CHAPTER 2

第一节
世界动物卫生组织概况

世界动物卫生组织（WOAH）是一个旨在促进和保障全球动物卫生和动物福利的政府间兽医卫生组织，是世界贸易组织（WTO）指定负责制定国际动物卫生标准规则的唯一国际组织，在全球动物卫生和食品安全领域发挥重要作用。各成员间开展动物及动物产品贸易都遵循 WOAH 的规定。WOAH 总部设在法国巴黎。

一、世界动物卫生组织概况

（一）起源与发展

WOAH 正式成立于 1924 年，其创建初衷要追溯到 1920 年，当时巴西进口印度的瘤牛，途经比利时安特卫普，牛瘟也随着这批动物传入比利时，此事件引起了国际社会广泛重视。1924 年 1 月，经过漫长的外交谈判，来自 28 个国家的代表达成一致意见，同意成立国际兽疫局（OIE）。1927 年 3 月，OIE 在巴黎召开了第一次全体成员大会，会上选举产生了 OIE 第一任总干事。

在成立后的数十年时间里，OIE 发展迅速，成员不断增加，并先后与联合国粮农组织（FAO）、世界卫生组织（WHO）、WTO、国际标准化组织（ISO）、世界小动物兽医协会（WSAVA）、世界自然保护联盟（IUCN）等 40 余个国际组织机构建立了合作关系。2003 年，OIE 更名为世界动物卫生组织，2022 年，将 OIE 缩写修改为 WOAH。

（二）组织机构

WOAH 由国际代表大会管理，国际代表大会的代表由各成员政府指派。日常运营由总部管理、总干事负责。运行经费由各成员每年交纳会费以及部分成员自愿捐助组成。

1. 国际代表大会：是 WOAH 最高权力机构，由各成员代表组成，每年至少召开一次会议。其主要职责是审议通过动物卫生领域的国际标准和主要动物疫病的防控方案；选举产生 WOAH 管理层及专业委员会成员；选举任命 WOAH 总干事；审核年度事务报告、财务报告和 WOAH 年度预算等。

2. 理事会：由国际代表大会现任主席、副主席、上一届主席、6 位代表共 9 人组成，除上一届主席外，其余人员均由选举产生，任期均为 3 年。年度会议休会期间，理事会代表国际代表大会行使职权。理事会通常每年至少召开 2 次会议，主要讨论技术和行政管理、问题以及将要提交国际代表大会讨论的工作计划和预算。

3. 总部：由 WOAH 总干事负责管理。主要职责包括处理 WOAH 日常工作，执行并协调国际代表大会决策的各项工作任务；作为国际代表大会年度会议的秘书处负责召开理事会、委员会会议和技术会议；负责协助各区域代表会议和专业会议的秘书处履行职责。

4. 区域代表处：WOAH 在非洲、美洲、亚太、欧洲和中东地区共设有 5 个区域代表处。区域代表处主要职责是为区域内的 WOAH 成员提供服务，以强化区域内的动物疫病监测和控制。

5. 区域委员会：WOAH 在非洲、美洲、亚太、欧洲和中东共设有 5 个区域委员会，均为完整的区域性实体机构，其职责是处理各区域发生的各种具体问题。区域委员会每 2 年在其区域内某成员方召开一次会议，议题主要为动物疫病防控方面的技术议题和区域合作。

6. 专业委员会：共有 4 个，即陆生动物卫生标准委员会、动物疾病科学委员会、生物制品标准委员会、水生动物卫生标准委员会。专业委员会主要负责研究动物疾病流行和防控，制定、修订 WOAH 国际标准。

7. 参考中心：分为 2 种，即 WOAH 协作中心和 WOAH 参考实验室。

（三）职责任务

WOAH 承担 6 项主要任务：一是通报和管理全球疫情和人兽共患病疫情，促进全球动物疫情信息透明化；二是收集、整理和通报最新兽医科学进展和信息；三是协调各成员动物疫病防控并提供技术支持；四是在 WTO/SPS 框架下制定动物及其产品国际贸易的卫生标准和规则，促进国际贸易发展；五是提高各成员兽医立法和兽医服务水平，提供有关能力建设技术援助；六是促进各成员动物源性食品安全、提高动物福利水平。

（四）WOAH 成员

截至 2023 年 7 月，WOAH 有 182 个成员。我国于 2007 年正式加入 WOAH。

二、WOAH 动物检疫措施标准概况及制修订程序

WOAH 通过收集、整理和通报最新兽医科学进展和信息，设置有陆生动物卫生标准委员会等 4 个专业委员会负责制定《陆生动物卫生法典》《水生动物卫生法典》《陆生动物诊断试验与疫苗手册》《水生动物诊断试验手册》，并通过认可的参考实验室和协作中心为相关疫病诊断、标准制定提供技术支撑。这些法典和标准已经作为各成员在 WTO/SPS 框架下实施动物及其产品国际贸易卫生标准和规则的基础，在维持并促进动物及其产品的国际贸易过程中发挥积极作用。

（一）专业委员会

专业委员会的作用是基于当前兽医科学知识，研究动物疫病防控的相关问题，通过制定和修订 WOAH 国际标准，处理成员提出的关于兽医科学和技术的相关问题。

1. 陆生动物卫生标准委员会

陆生动物卫生标准委员会成立于 1960 年，其职责是确保《陆生动物卫生法典》的内容能反映出国际上关于保护国际贸易，以及动物疾病和人兽共患病防控方法的最新科学知识。该委员会与国际知名专家合作，起草《陆生动物卫生法典》中新条款文本，并根据兽医科学进展修订现有条款。WOAH 各成员对《陆生动物卫生法典》相关草案和修订案提出意见，并提交国际代表大会讨论。获正式通过的草案文本将纳入《陆生动物卫生法典》最新版本中。该委员会成员由 WOAH 国际代表大会选举产生，任期 3 年。

2. 动物疾病科学委员会

动物疾病科学委员会成立于 1946 年，其主要职责是协助确定预防和控制疫病的最适当战略和措施。该委员会还要审查希望被列入 WOAH“无疫病”名单的成员提交的有关动物卫生状况的文件，发布科学委员会报告。

该委员会成员由 WOAH 国际代表大会选举产生，任期 3 年。

3. 生物制品标准委员会

生物制品标准委员会成立于 1949 年，负责制定或批准哺乳动物、鸟类和蜜蜂疫病诊断方法，并推荐疫苗等有效的生物产品。该委员会负责制定《陆生动物诊断试验与疫苗手册》。此外，该委员会还负责在全球选定 WOAH 陆生动物疫病参考实验室，并促进诊断测试标准试剂的制备和分配。该委员会成员由 WOAH 国际代表大会选举产生，任期 3 年。

4. 水生动物卫生标准委员会

水生动物卫生标准委员会成立于 1960 年，负责收集两栖动物、甲壳类、鱼类和软体动物疫病及其控制方法的资料，编制《水生动物卫生法典》和《水生动物诊断试验手册》。此外，该委员会还负责召开对水产养殖具有重要意义的各种主题的科学会议。该委员会成员由 WOAH 国际代表大会选举产生，任期 3 年。

（二）动物卫生法典

1.《陆生动物卫生法典》

《陆生动物卫生法典》第一版发布于 1968 年，最初只关注动物卫生和人兽共患病，近些年来随着 WOAH 职责的扩展，其内容也逐渐扩展至动物福利、动物源性食品安全等领域。目前，最新的法典是 2024 年 5 月第 91 届国际代表大会审核通过的版本。《陆生动物卫生法典》分上、下两卷，上卷主要内容包括动物疫病诊断和监测以及通报、动物疫病风险分析、兽医服务质量、疫情预防控制措施基本要求、贸易措施和进出口规程以及出证要求、兽医公共卫生、动物福利等各方面的基本原则和要求等。下卷主要内容是当成员发生规定的某种陆生动物疫病时应采取的防控措施，以及对促进不同产品国际贸易开展应满足的技术要求。《陆生动物卫生法典》已成为各成员的兽医当局、进出口服务机构、流行病学专家以及所有与国际贸易相关人员的重要参考资料。WOAH 每年通过 3 种 WOAH 官方语言（英语、法语、西班牙语）以及俄语发布纸质的法典。

2.《水生动物卫生法典》

《水生动物卫生法典》第一版发布于 1995 年。《水生动物卫生法典》中的各项卫生措施都经 WOAH 国际代表大会正式审核通过。最新版本是 2024 年 5 月第 91 届国际代表大会审核通过的版本。《水生动物卫生法典》，共计 11 篇 68 章，内容包括疫情通报和流行病学信息、风险分析、水生动物卫生机构质量、疫病预防与控制、水产养殖场消毒应急预案、卫生证书、进出口贸易措施、区域化与生物安全隔离区、微生物制剂使用和耐药性、鱼类福利，并介绍了主要鱼类、两栖类、贝壳类和软体动物的主要传染病等。《水生动物卫生法典》不仅是各成员开展动物疫病防控工作需遵循的国际标准，也是 WTO 指定的动物及动物产品国际贸易必须遵循的准则。各成员兽医主管部门主要采取其规定的卫生措施，针对水生动物的病原进行早期检测、报告及监控，防止在水生动物及其相关产品国际贸易中发生病原体传播，同时避免形成以卫生不达标为主要限定条件的不合理贸易壁垒。本法典对于防范水生动物疫病传入、维护水产品贸易安全和质量安全具有重要意义。WOAH 每年通过 3 种 WOAH 官方语言（英语、法语、西班牙语）发布纸质法典。

（三）传染病诊断手册

1.《陆生动物诊断试验与疫苗手册》

该手册提供国际上认可的实验室检测方法和疫苗及其他生物制品的生产、管理要求，目标对象是 WOAH 各成员从事兽医诊断试验和监测的实验室、疫苗生产商和兽医管理机构等，旨在促进动物及其产品的国际贸易，提升全球动物卫生水平。

该手册涉及哺乳动物、鸟类和蜜蜂的传染病和寄生虫病，第一版出版于 1989 年。手册共分四部分：第一部分规定了涉及兽医诊断实验室及疫苗生产设施的通用标准；第二部分是该手册的核心部分，规定了 WOAH 疫病名录中所列疫病及对国际贸易有重要影响疫病的诊断试验标准，以及疫苗和诊断用生物制品的质量控制原则，共详细描述了人兽共患病、蜂病、禽病、牛病、马病、兔病、羊病、猪病以及其他动物疫病共 9 大类 100 多种陆生动物疫病的采样技术、样品处理方法、所需诊断材料及其诊断检测方法等；第三部分是通用导则，简要介绍生物技术、药敏检测等背景信息；第四部分是 WOAH 的专业机构名录，包括 WOAH 所有陆生动物疫病诊断参考实验室和协作中心。

2.《水生动物诊断试验手册》

该手册提供了《水生动物卫生法典》中列出的水生动物疫病的标准化诊断方法，有助于提高实验室效率和能力，提升水生动物卫生水平，促进水生动物及其产品的国际贸易。手册主要分为三个部分：第一部分主要包括兽医检测实验室的质量管理、传染性疫病诊断方法的确认原则和方法、水产养殖场的消毒方法等；第二部分为关于特定疫病的建议，对数十种水生动物疫病（其中包括蛙病、甲壳类、鱼病、软体动物病等）的疫病信息、采样技术和诊断方法作了详细描述；第三部分是 WOAH 专业机构。

（四）参考中心

WOAH 已经建立一个全球动物卫生合作的中心网络，目的是向 WOAH 及其成员提供科学专业知识，并促进动物卫生和福利方面的国际合作。WOAH 参考中心分为参考实验室和协作中心两种。

参考实验室为指定病原或疫病专业化的世界性参考中心，是解决特定疫病或动物卫生领域相关科技问题的实验室。协作中心是在动物卫生、动物福利、兽药等领域作为科研、技术标准化、专业知识等方面处于领先水平的国际机构。截至 2023 年 3 月，WOAH 在全球 35 个国家共认可参考实验室 290 个，涉及 114 种疫病或领域；在 27 个国家建有协作中心 72 个，涉及 68 个专业。在中国，大陆共有 23 个 WOAH 认可参考实验室，台湾有 4 个；有 3 个协作中心，分别是：吉林大学人兽共患病研究所为 WOAH 亚太区食源性寄生虫病协作中心，中国动物卫生与流行病学中心为 WOAH 兽医流行病学与公共卫生协作中心，中国农业科学院哈尔滨兽医研究所为 WOAH 亚太区人兽共患病协作中心。

三、WOAH 动物疫病预防控制与国门生物安全

国门生物安全属于非传统安全，是国家安全体系的重要组成部分。政府职能部门主要通过加强国门生物安全宣传教育，通过进出境动植物检疫、口岸卫生监督、病媒生物监测等手段，有效防范物种资源丧失、外来物种入侵以及传染病通过病媒生物传播，保护国门生物安全。为加强世界范围内动物疫情疫病防控的管理协调，促进相关领域的管理协作，WOAH 发挥了积极的作用。

WOAH 一直致力于发展动物和动物产品国际贸易中适用的卫生规则和标准，努力协调各成员之间动物和动物产品贸易的规定，实现动物及动物产品贸易中的动物卫生安全。目前，WOAH 所制定的国际动物卫生规则已得到国际社会的普遍认可，特别是在乌拉圭多边贸易谈判之后，SPS 协定

进一步将 WOAH 的标准、指南和建议规定为 WTO 各成员必须遵循的国际标准、指南和建议。因此，WOAH 与国门生物安全，特别是动物传染病防控的关系密切，为各成员采取国门生物安全措施提供重要的理论基础和现实的帮助。

（一）为各成员守住国门生物安全提供全球动物疫情信息服务

全球疫情信息是各成员与贸易方磋商动物检疫准入要求、谈判，以及制定技术性贸易限制措施的重要依据。

1. 全球动物疫情数据库。WOAH 除每天发布紧急疫情通报和后续疫情通报外，还要求各成员发布半年报和年报。上述信息共同构成了全球动物疫情数据库。各成员可以从 WOAH 官方网站查询过去几十年全球所有成员的动物传染病、寄生虫病信息。2024 年，WOAH 要求采集的疫情数据包括了 117 种应通报疫病、4 种新发疫病、54 种影响野生动物的非应通报疫病。

2. 无疫病地位的确定。目前，WOAH 对非洲马瘟（AHS）、牛海绵状脑病（BSE）、牛传染性胸膜肺炎（CBPP）、猪瘟（CSF）、口蹄疫（FMD）、小反刍兽疫（PPR）和牛瘟 7 种重大动物传染病进行无疫病地位认证，公布经认证的无疫病成员名录。

3. 自我申明无疫状态。WOAH 鼓励各成员宣布符合 WOAH 法典要求的无疫状态。

（二）为国际动物及动物产品生产、贸易提供安全卫生标准

1. 规范成员内部动物和动物产品生产管理。WOAH 规定，各成员应建立动物标识及追溯体系，遵守动物精液采集、动物胚胎及处理中心卫生规范，动物尸体处理原则，消毒及杀虫卫生要求，动物屠宰过程中宰前宰后检查规范，动物饲料卫生控制安全措施，兽药使用规范以及动物运输要求等，提升成员内部动物及动物产品生产管理水平。

2. 规范国际动物和动物产品贸易准则。WOAH 规定，各成员应遵守输出国（地区）和输入国（地区）对兽医卫生证书的职责、签发卫生证书程序，离境前和离境时动物卫生措施，过境期间动物卫生措施，进口方口岸查验及隔离措施等，并提供国际动物和动物产品贸易卫生证书样本等，确保国际动物和动物产品贸易健康发展。

当成员发生重大动物传染病时，可以采取区域化及生物安全隔离区措

施，在确保生物安全前提下，将疫情对整个国家（地区）的影响降到最低。此外，根据不同动物传染病特性，WOAH 还列举出不受特定疫情影响的产品名录，保护相关产品贸易不被疫情中断。

3. 规范动物福利。WOAH 在强调动物卫生安全的同时，也十分关注动物福利，采用国际上公认的“五大自由”作为动物福利的基准价值：即免受饥渴和营养不良的自由，免受恐惧和应激的自由，免受身体不适和温度不适的自由，免受伤痛和疫病危害的自由和表达天性的自由。在对实验动物方面采取“3R”原则，即减少实验动物使用数量、优化动物实验方法、非动物技术替代实验动物。

（三）为各成员动物卫生防疫能力建设提供技术支持

为了实现“无论成员的文化习俗或是经济状况如何，在全世界范围内提高动物卫生和动物福利水平”这一目标，WOAH 为各成员提供以下基础性的支持服务：

1. 推动成员兽医服务能效建设。针对众多发展中成员或转型中成员，兽医立法尚不足以应对当前和未来出现的挑战问题，WOAH 拟订了《兽医立法指南》来修改并完善相关成员的兽医立法。WOAH 还设计、推广兽医服务能效建设（The PVS Pathway）计划，并对各成员的兽医服务能效开展评估，确定其存在的问题和优先须改进的方向，推动成员加强对动物疫病的监测和控制、早期预警和快速响应。

在 PVS 计划评估过程中，有不少与海关新职能相关的内容，如边境隔离措施、疫病的诊断能力、药物残留分析、动物福利等项目，WOAH 强调边境口岸检疫应当放在更加突出的位置，优先提升到更高的履职能力和服务水平。

2. 提升成员实验室检测水平。2006 年，WOAH 制定了全球实验室结对计划，主要用于帮助发展中成员的专业科学能力建设，促进结对双方实验室间的知识、信息、经验交流，提升发展中成员和转型中成员的实验室能力和专业水平。

3. 协助建立动物疫病疫苗库。WOAH 建立疫苗库为符合条件的成员提供高质量的疫苗，帮助这些成员防控动物疫情，有助于协调全球和区域疫情防控计划。目前，WOAH 正在运行的疫苗库有小反刍兽疫疫苗库和狂犬病疫苗库。历史上 WOAH 还建立过禽流感疫苗库和口蹄疫疫苗库。WOAH

的疫苗库建设工作得到了澳大利亚、加拿大、中国、欧盟、法国、德国、日本、韩国、新西兰、世界银行等国家和组织机构的帮助。

第二节 WOAH 与国门生物安全相关的规则和要求

WOAH 系政府间国际组织，其制定的动物卫生标准是 SPS 协定唯一认可的动物卫生标准，是各成员开展动物及其产品贸易需遵循的国际准则。

一、动物疫病的诊断、监测、通报和预防控制

（一）WOAH 疫病名录

WOAH 疫病名录中所列疫病是指 WOAH 国际代表大会通过并收录在《陆生动物卫生法典》名录上的传染性疫病。WOAH 设立 WOAH 疫病名录，目的是通过透明度和一致性报告来帮助 WOAH 成员控制重要动物疫病、人兽共患病的跨境传播。2005 年，为了同 SPS 协定中术语保持一致，WOAH 取消 A 类和 B 类疫病名录分类，统一为目前的须通报动物疫病名录。截至 2023 年 3 月，WOAH 规定须通报的动物疫病达 116 种，陆生动物疫病 85 种，包括多种动物共患病 21 种、牛病 14 种、羊病 12 种、马病 11 种、猪病 6 种、禽病 13 种、兔病 2 种、蜜蜂病 1 种、苏拉病和其他病 4 种；水生动物疫病 31 种，包括鱼病 11 种、软体动物病 7 种、甲壳类病 10 种、两栖类病 3 类。

（二）纳入 WOAH 疫病名录的标准

《陆生动物卫生法典》规定，列入 WOAH 疫病名录的病种需同时满足以下 4 条标准：

1. 证实为国际性的病原传播（通过活体动物、动物产品或污染物）。

2. 依据《陆生动物卫生法典》动物卫生监测条款，至少一个国家已经证明无疫或接近无疫。

3. 已有可靠的检测及诊断方法和明确的病例定义，以准确识别疾病，并能够与其他疫病相区别。

4. 已证实存在人畜间自然传播，且有严重后果；或在某些国家或区域已显示对家养动物卫生状况有严重影响，如引起较高的患病率和死亡率，临床症状和直接生产损失严重等；或已显示或有科学证据证明对野生动物卫生状况有严重影响，如引起较高的患病率和死亡率，临床症状和直接经济损失严重，或者对野生动物群多样性造成威胁等。

（三）疫病通报

WOAH 根据全球动物疫情的变化，动态调整各成员向 WOAH 通报的动物疫病名录，各成员可根据自身动物疫情特点，制定可通报的传染病名录。WOAH 通过发布成员动物疫情信息，促进各成员疫情透明化，有助于全球协作，控制并扑灭动物疫情。WOAH 发布动物疫情信息主要通过以下两个方式：

1. 动物疫情事件报告

目前，WOAH 发布疫情报告已不再使用周报（weekly reports），改为动物疫情事件报告。

动物疫情事件报告包括紧急通报和续报两种。紧急通报通常用于报道成员或成员某地区首次发生，或者是成员某地区疫情平息后再次发生，或是出现重大流行病学变化。续报则是指紧急通报后的后续发生疫情的报道。

通过了解动物疫情事件报告，成员能及时了解报告方发生的疫情信息，以便相关贸易方采取相应的防控措施。

2. 半年报

WOAH 发布的半年报信息是介绍成员每半年发生疫情的详细情况。在半年报中，成员不仅报告动物疫情总起数，还应报告发生动物疫情病原的血清型以及发生的省（或州）名等信息。

通过收集 WOAH 半年报信息，可以较全面地了解成员疫情详细情况，但半年报信息通常会滞后半年以上，甚至滞后 1 年。

（四）疫病的监测和诊断

监测旨在证明无疫或无感染状态，确定疫病或感染的存在或分布，或尽早发现外来疫病或新发疫病。诊断旨在证明在一个国家或地区无某种疫病、防止疫病通过贸易传播、根除一个地区或国家内的疫病感染、确诊临诊病例、评估感染率以协助风险分析、确定感染动物以采取控制措施、按群体卫生状况或接种后的免疫状况进行动物分类等。

1. 监测的方法和原则

监测方法根据监测目标及信息来源各不相同，主要包括疫病报告系统、调查、风险抽样、宰前和宰后检验、哨点单元监测、临诊监测、症状监测及其他有用数据收集等。根据目的不同可将监测分两种类型，分别是为证明无疫、无感染或无侵染的监测，以及为支持疫病控制计划的监测。

监测主要涉及监测系统的设计、实施和评估等因素。监测系统的设计应考虑国家、地区或生物安全隔离区中的所有易感物种，可涵盖群体中的所有或部分个体，还应考虑监测时间及其有效性、疫病定义、流行病学单元、群发现象、诊断检测、分析方法、监测范围及后续行动。实施和评估则涉及质量保证，应定期对监测系统进行审核，确保系统的所有要素运转良好，并适时开展适当的纠正措施。

2. 诊断的方法和原则

WOAH 在监测系统的设计及实施环节，均引入了诊断的概念。《陆生动物卫生法典》要求监测需根据适当的病例定义，使用证实感染或侵染的诊断方法，诊断方法可包括临诊观察、生产记录分析、实地快速检测、实验室详细检测。根据诊断目的不同，动物群体及个体选择的诊断方法也不相同。针对同一目的不同验证阶段，也可选择不同诊断方法。如在初筛时设置较高的敏感性（DSe）和较低的特异性（DSp），而在确诊时设置较高的特异性和较低的敏感性。根据诊断传染性病原的直接性或间接性，可以将诊断方法分为直接验证或间接验证。直接方法是检测病原颗粒和/或其组成部分，如核酸、结构或非结构性蛋白、酶等。最常见的直接检测方法有分离或体外培养活生物体、电镜观察、免疫荧光、免疫组织化学、ELISA 抗原测定、免疫印迹法（Western blot）、核酸检测系统（NAD）等。间接方法是检测因接触病原或其组分而诱导产生的抗体或细胞介导免疫应答。最常见的传染性病原体间接检测方法是抗体检测法，如病毒中和试验、酶联免疫吸附试验（ELISA）、血凝抑制试验、补体结合试验以及近期出现的生物传感器、生物荧光、荧光偏振、化学荧光等新方法。

（五）活动物标识及追溯

动物标识及追溯是动物卫生（包括人兽共患病）和食品安全管理的工具，可应用于动物疫情暴发和食品安全问题管理、免疫计划、畜禽养殖、区域化或生物安全隔离区划、监测、早期反应和通报系统、动物移动控制、检疫检验、证明、公平贸易和兽药、饲料和杀虫剂使用等领域。动物标识与动物及动物源性产品追溯密切相关，根据 WOAH 和《国际食品法典》的相关标准，动物追溯和动物源性产品追溯应具有关联性，以保证整个动物生产和食品链的可追溯性。

1. 基本关系

动物标识是指使用唯一标记对动物个体进行的标识和登记，或使用唯一群体标记对一个流行病学单元或一群动物进行的集体标识和登记。动物标识与动物及动物源性产品追溯密切相关。动物标识系统是指含多种信息（养殖场/畜主信息、动物负责人、动物流动及其他记录）并将这些信息与动物标识相关联的系统。它是实现动物及动物源性产品可追溯的基础条件之一，是动物标识和追溯系统的主要核心。

2. 动物标识系统的关键要素

动物标识系统的关键要素主要包括以下 7 个方面：一是预期结果，指计划的总体目标；二是实施范围，指某特定区域（国家或地区）或生物安全隔离区内作为标识和追溯对象的目标动物品种、动物群和（或）生产及贸易部门；三是执行标准，指计划执行的具体指标，通常以量化的形式表示；四是初步研究，考虑的因素包括但不限于动物卫生、贸易、畜群管理、产品种类、区域化、生物安全隔离区划、动物移动模式等；五是方案设计，包括一般规定、动物标识方式、登记信息、实验室、屠宰场、市场及动物集散场地、处罚等；六是法律框架，指兽医主管部门及其他相关政府机构需与利益相关方协商，建立一个适合本国（地区）国情的实施和执行动物标识系统及动物追溯的法律框架；七是具体实施，包括制订行动计划、检查和核查、审核、考评等主要方面。

3. 建立要求

为保障动物标识和追溯体系的有效性，在设计之初，就应当考虑实施范围、执行标准、预期结果及初步研究结果等因素。动物标识系统可用于群体标识及个体标识，无论何种标识，均应确保其唯一性。动物标识、动物追溯和动物移动等工作应在兽医主管部门统一领导下进行，且对于动物标识系统和动物追溯的有效性，要及时开展定期考核。无论所选择的动物标识体系和动物追溯的具体目的如何，实施前必须考虑一系列共同的基本因素，如法律框架、程序、主管部门、养殖场及拥有人的确定、动物标识和动物运输。

(六) 区域化和生物安全隔离区划管理

WOAH 通过区域化和生物安全隔离区划来使成员在其境内建立并维持具有明确卫生状况的动物亚群，这不但有利于国际贸易发展，还有助于 WOAH 成员在其境内控制或扑灭疫情。

1. 基本情况

区域化和生物安全隔离区划是指 WOAH 成员根据《陆生动物卫生法典》要求，在其境内确定具有某种明确卫生状况动物亚群的程序，用以控制疫病和进行国际贸易。其中区域化主要适用于地理区域（用天然、人工或法定界线划分）的动物亚群，而生物安全隔离区划则适用于由相关生物安全管理和养殖措施确定的动物亚群。同时，生物安全隔离区划也是 WOAH 成员在无法进行区域化时，通过生物安全措施将某一动物亚群与其他家养或野生动物有机分开的有效方式，在疫情发生后，可利用动物亚群间流行病学关联或有关生物安全的通用做法对疫病加以控制，从而保障贸易活动的正常进行。区域化和生物安全隔离区划并不能适用所有疫病，但适用于这些措施的每种疫病都需要制定不同的隔离要求。WOAH 成员可在其领土内拥有一个或多个区域化地区和生物安全隔离区。

2. 界定及建立原则

区域化地区和生物安全隔离区主要分为无疫区、感染区、保护区及感染隔离区。WOAH 成员界定和建立区域化地区和生物安全隔离区时，应依据以下原则：

（1）区域大小和范围应由兽医主管部门根据自然、人为和法律边界来划定，并通过官方渠道公布。

（2）建立保护区的相关措施应从防止病原的引入、及早检出病原，以及进行的流行病学监测等方面综合考虑，具体的措施应该包括严格的动物移动控制和监测等。

（3）当原无疫国家或区域内局限性疫病暴发时，应建立感染控制区以保证健康动物的正常贸易。

（4）应由兽医主管部门根据有关标准（如生物安全相关管理标准和养殖规范）界定生物安全隔离区各项要素，并通过官方渠道公布。

（5）需从流行病学角度把生物安全隔离区内的动物亚群与其他有疫病风险的动物或物体隔离区分开来。

（6）对区域化地区或生物安全隔离区内相关动物的标识应能够做到可追溯其移动。

（7）对生物安全隔离区而言，生物安全计划应规定相关行业和兽医主管部门间的伙伴关系及各自责任。

3. 获得国际贸易认可的程序

进口成员在认可步骤上，对区域化和生物安全隔离区划分一视同仁，包括评估出口成员兽医机构、根据对方提供的信息进行风险评估、考虑本国/地区的动物卫生状况及其他相关的 WOAH 标准或准则。进口成员应在合理期限内向出口成员通报其评定决定和理由：认可、需要补充进一步信息，以及拒绝认可。在第一种情况下，双方兽医主管部门应就认可签署相关协议，以约束双方的行为。

（七）自我声明及 WOAH 官方认可程序

1. 自我声明

WOAH 成员可就 WOAH 疫病名录中所列疫病或其他动物疫病自我声明为无疫国、无疫区或无疫生物安全隔离区，并可将其所声明的疫病状态通知 WOAH，WOAH 可对外公布成员自我声明，但对外公布不代表认可。WOAH 不公布牛海绵状脑病（BSE）、口蹄疫（FMD）、牛传染性胸膜肺炎（CBPP）、非洲马瘟（AHS）、小反刍兽疫（PPR）和猪瘟（CSF）6 种疫病的自我声明，仅就上述 6 种疫病依据成员申请进行 WOAH 官方认证。

2. WOAH 官方认可程序

WOAH 成员应出具文件，表明申请国或区域的兽医机构遵守了《陆生动物卫生法典》和《陆生动物诊断试验与疫苗手册》有关规定，在申请疫病状态官方认证时，应向 WOAH 科学技术部提交《陆生动物卫生法典》的“自我声明及 WOAH 官方认可程序”章节中关于牛海绵状脑病（BSE）、口蹄疫（FMD）、牛传染性胸膜肺炎（CBPP）、非洲马瘟（AHS）、小反刍兽疫（PPR）和猪瘟（CSF）所要求的全部信息。WOAH 通过国际代表大会决议的形式，来对成员申请的 WOAH 疫病状态进行官方认证。

二、风险分析

（一）风险分析相关定义

风险（Risk）指发生不利事件或危害动物与人类健康事件的可能性及其生物与经济后果的严重程度。

风险分析（Risk Analysis）指进行危害识别、风险评估、风险管理和风险沟通。

风险评估（Risk Assessment）指对危害的进入、造成疫情、疫情蔓延的可能性及其生物和经济后果进行的评估。

风险交流/风险沟通（Risk Communication）指风险分析过程中，风险评估者、风险管理者、风险报告人、公众和其他有关各方就风险、风险相关因素和风险认知等事宜，进行信息与观点的互动传递与交流。

风险管理（Risk Management）指确定、选择、实施可用于降低风险水平的措施的过程。

（二）风险分析原则和步骤

进口动物和动物源性产品可给进口国（地区）带来一定程度的疫病风险。风险可为一种或多种疫病、感染或侵染。进口风险分析的主要目的是为进口国（地区）提供一种客观可靠的方法，用以评估与动物、动物产品、动物遗传物质、饲料、生物材料进口有关的疫病风险。

根据 WOAH《陆生动物卫生法典》规定，风险分析应具有透明性，全面记录和沟通在风险分析中使用的所有数据、信息、假设、方法、结果、讨论和结论。确保风险分析的透明性很有必要，可据此向出口国（地区）和所有有关方面提供施加进口条件或拒绝进口的明确理由。风险分析数据经常存在不确定性或不完整性。如果没有完整的文件记录，无法确保风险分析的透明性，将造成分析者的判断与客观事实不符。

风险分析包括危害识别、风险评估、风险管理和风险交流。风险评估指对危害因素带来的风险进行评估，是风险分析的一个组成部分。在风险分析过程中，要了解出口国（地区）的动物卫生状况，通常需考虑对出口国（地区）兽医机构、地区划分、生物安全隔离区划分、疫病监测体系的评估结果。

1. 危害识别

危害识别指对进口商品中可能具有潜在危害的致病因子进行确认的过程。所确认的危害指与进口动物或动物产品有关且可能存在于出口国（地区）的危害因子，因此有必要确认该危害是否存在于进口国（地区），是否为进口国（地区）法定通报的动物疫病，是否属于已控制或已根除的疫病，并确保贸易进口措施不能严于本国（地区）贸易措施。

危害识别是一个分类过程，利用两分法确定生物因子是否具有危害性。如果危害识别没有确认相关进口具有危害，则风险评估就此终止。对出口国（地区）兽医机构、疫病监测与控制计划、地区区划和生物安全隔离区划分体系的评估是评估出口国（地区）动物种群中存在危害因子与否的关键信息。进口国（地区）可根据WOAH《陆生动物卫生法典》相关卫生标准直接决定是否准许进口，而不进行风险评估。

2. 风险评估

（1）风险评估原则

根据WOAH《陆生动物卫生法典》规定，在风险评估实施过程中，一般应遵循如下原则：

①风险评估应灵活处理现实中的各种复杂情况。没有任何一种单一方法能够适用于所有情况，应从多方面入手开展风险评估，如动物产品的多样性、一种进口商品可含有多种危害因子、每种疫病的特性、疫病检测和监测体系、暴露情况、数据与信息的类型和数量等。

②定性和定量风险评估方法均有效。

③风险评估应以最新科研信息为基础，应保证证据充分，并附有引用的科技文献和其他资料，包括专家意见。

④风险评估方法需保持一致性和透明性，以确保评估结果的公平性和合理性以及决策的一致性，且便于各利益相关方的理解。

⑤风险评估应阐明其不确定性、假设及其对最终结果的影响。

⑥风险随进口商品量的增加而加大。

⑦应在获得新信息时，对风险评估进行更新。

（2）风险评估步骤

根据WOAH《陆生动物卫生法典》规定，风险评估的步骤主要包括入境评估、暴露评估、后果评估和风险估算。

①入境评估。入境评估指描述进口贸易将病原引入某一特定环境的生物学途径，并对整个过程的发生概率进行定性（用文字表示）或定量（用数值表示）推定。入境评估需阐明每种危害（病原）在数量、时间等各种特定条件下的发生概率，以及因行动、事件或措施等可能引起的变化。

入境评估所需信息主要是生物学因素、国家因素和商品因素。生物学因素主要包括动物种类、年龄和品种；病原易感部位；疫苗免疫、检测、治疗和隔离检疫状况。国家因素主要包括发病率或流行率；出口方兽医机构、疫病监测和控制计划、地区区划、生物安全隔离区划分体系的评估。商品因素主要包括进口商品数量；商品易污染程度；加工方式的影响；贮存和运输影响。

如果入境评估表明没有显著风险，则可终止风险评估。

②暴露评估。暴露评估指描述进口国（地区）的动物和人群暴露于某危害因子（病原）的生物学途径，并对此种暴露发生概率进行定性（用文字表示）或定量（用数值表示）推定。推定危害因子的暴露概率需结合特定暴露条件，比如数量、时间、频率、持续时间和途径（如食入、吸入或虫咬），以及暴露动物和人群的数量、种类及其他相关特征等。

暴露评估所需信息主要是生物学因素，如病原特性；国家因素，如是否存在传播媒介；相关动物养殖情况；风俗和文化习俗；地理和环境特征等；商品因素，如进口数量；预期用途；处理方式等。

如果暴露评估表明没有显著暴露风险，则可在该步骤完成后终止风险评估。

③后果评估。后果评估指阐明暴露于某一生物病原因子及其后果之间的关系。在两者之间应存在因果关系，表明因暴露而导致的不良卫生或环境后果，进而引起社会经济等方面的不良后果。后果评估需阐明给定暴露的潜在后果及其发生概率，分为定性评估（用文字表示）或定量评估（用数值表示）。

后果包括直接后果和间接后果，其中直接后果主要是动物感染、发病及生产损失；公共卫生后果等。间接后果主要是疫病监测、控制成本；扑杀补偿成本；潜在贸易损失；对环境的不良后果等。

④风险估算。风险估算指综合入境评估、暴露评估和后果评估的结

果，测算危害因子的总体风险量。因此，风险估算需考虑从危害确认到产生不良后果的全部风险路径。

风险估算包括估算一定时期内健康状况可能受到不同程度影响的畜群、禽群、其他动物或人群的数量；概率分布、置信区间及其他产生评估不确定性的因素；计算所有模型输入值的方差；敏感性分析，根据多种因素对风险估算偏差的影响程度进行排列；模型输入值之间的依赖性及相关性分析。

3. 风险管理

风险管理是针对风险评估中确定的风险而作出决定并实施相关措施的过程，同时应确保将对贸易产生的不良影响降至最低。风险管理的目的在于合理管理风险，在尽量减少疫病传入可能性、频率及其不良影响与进口商品、履行国际贸易协定义务之间取得平衡。

在风险管理过程中，应将WOAH制定的国际标准作为风险管理的首选卫生措施，并且实行这些卫生措施应与相应标准的目标保持一致。风险管理主要包括风险评价、备选方案评价、实施、监控及评审。风险评价指将风险估算中经评定确认的风险水平与建议的风险管理措施预期降低的风险相比较的过程。备选方案评价指为减少进口风险而对措施进行鉴别与选择、评估其有效性和可行性的过程。有效性指备选方案能够将风险造成的卫生和经济不良后果或其严重程度降低到何种水平。备选方案有效性评价是一个迭代过程，需与风险评估相结合，然后将最终的风险水平与可接受的风险水平相比较。可行性评价通常专注于影响风险管理方案实施的技术、操作及经济因素。实施指作出风险管理决策后，确保风险管理措施落实到位的过程。监控及评审指不断审核风险管理措施以确保取得预期效果的过程。

4. 风险交流

风险交流指在风险分析期间，从潜在受影响方或利益相关方收集危害和风险相关信息和意见，并向进出口国（地区）决策者或利益相关方通报风险评估结果或风险管理措施的过程。风险交流是一个多维、迭代过程，理想的风险交流应贯穿风险分析的全过程。

在风险交流过程中，一般应遵循以下原则：

（1）在风险分析开始时应制定完成风险交流策略。

（2）应公开、互动、反复和透明，并可在决定进口之后持续开展风险交流。

（3）风险交流参与方应包括出口国（地区）主管部门及其他利益相关方，如出口国（地区）内外行业团体、家畜生产者和消费者等。

（4）风险交流应包括风险评估中的模型假设及不确定性、模型输入值和风险估算。

（5）同行评议是风险交流的组成部分，旨在获得科学的评判，确保获得最可靠的资料、信息、方法和假设。

（三）风险评估方法

风险评估指对危害因素带来的风险进行评估，是风险分析的一个组成部分，分为定性风险评估和定量风险评估。对于很多疫病而言，特别是WOAH《陆生动物卫生法典》所列疫病而言，鉴于国际标准已趋于完善，且对相关风险已广泛达成共识，所以仅需进行定性评估。定性评估不要求使用数学模型，通常用于常规决策。一种评估方法不可能适用于所有进口风险，因此应根据不同情况采用不同的风险评估方法。

1. 定性风险评估（Qualitative Risk Assessment）

定性风险评估是对风险用高、中、低或可忽略等非数量术语定性评估和描述风险的评估方法。根据WOAH风险评估原则，我国制定了《进出境动物和动物产品风险分析程序和技术要求》（SN/T 2486-2010），规定定性评估的风险级分别用术语“高”“中”“轻微”“低”“很低”“极低”“可忽略”描述，适用于风险释放和风险暴露评估过程中的场景分析。上述术语的含义和对应的概率区间见表2-1。

表2-1　风险事件定性描述术语表

术语	含义	风险事件发生的概率区间参考值
高	事件很可能发生	不小于0.7
中	事件可能发生	小于0.7，大于等于0.5
轻微	事件发生的可能性较低	小于0.5，大于等于0.3
低	事件不太可能发生	小于0.3，大于等于0.05
很低	事件很不可能发生	小于0.05，大于等于0.001
极低	事件极不可能发生	小于0.001，大于等于10^{-6}
可忽略	事件几乎肯定不发生	小于10^{-6}

定性风险评估的规则见表2-2。在定性风险评估中，先综合估计风险释放和暴露的结果，然后再综合后果评估结果。定性描述每一危害的最终风险评估结果评价标准见表2-3。

表2-2　合并描述可能性规则的矩阵表

释放和暴露评估结果	可忽略	极低	很低	低	轻微	中	高
高	可忽略	极低	很低	低	轻微	中	高
中	可忽略	极低	很低	低	轻微	中	中
轻微	可忽略	可忽略	极低	很低	低	轻微	轻微
低	可忽略	可忽略	可忽略	极低	很低	低	低
很低	可忽略	可忽略	可忽略	可忽略	极低	很低	很低
极低	可忽略	可忽略	可忽略	可忽略	可忽略	极低	极低
可忽略	可忽略	可忽略	可忽略	可忽略	可忽略	可忽略	可忽略

表2-3　风险估计综合分析表

释放和暴露评估结果	后果评估结果					
	可忽略	很低	低	中	高	极高
高	可忽略	很低	低	中	高	极高
中	可忽略	很低	低	中	高	极高
轻微	可忽略	很低	低	中	中	高
低	可忽略	可忽略	很低	低	中	中
很低	可忽略	可忽略	可忽略	很低	低	中
极低	可忽略	可忽略	可忽略	可忽略	很低	低
可忽略	可忽略	可忽略	可忽略	可忽略	可忽略	很低

2. 定量风险评估（Quantitative Risk Assessment）

定量风险评估是用数学的方法计算风险的大小，风险评估的结果用数字或数值表述。《进出境动物和动物产品风险分析程序和技术要求》（SN/T 2486-2010），规定定量风险评估应以定性风险评估为前提，采用数学方法计算进口的动物或动物产品传播动物疫病的概率，也可以计算每次进口感染动物的数量。定量风险分析过程中，每一风险因素不是一成不变，应视为一个变量，要应用统计学方法对每一风险因素进行统计分析，掌握每一风险因素变化的规律，并应用统计学方法计算出每一风险因素发生的具体数值。按照定性风险评估的场景分析方法，在时间和空间上分析各个风险事件之间的关系，用数学语言来描述这些风险事件之间的函数关系（数学模型），进而可以对其进行虚拟现实的模拟（计算机模拟）。

针对进境动物及动物产品携带的潜在入侵外来畜禽疫病风险分析大多以定性风险评估为主，但是主要存在主观性强、科学性和客观性不足等问题。半定量方法被广泛应用于风险评估模型构建，多集中于德尔菲法（Delphi Method）和层次分析法（Analytic Hierarchy Process，AHP）。中国检验检疫科学研究院研究团队通过引入层次分析法模型，开展基于专家问卷系统（Experts Questionnaire System，EQS）的半定量风险分析技术研究，组建风险分析专家库，能够对疫病传入环节的风险因子进行量化分级，通过专家问卷对各风险因子进行打分，提高了风险分析结论的科学性和客观性。同时考虑专家对于专业知识的把握程度，很好地解决了定性风险评估科学性和客观性不足的问题。比利时研究团队使用半定量方法评估了从野猪到家猪饲养场的非洲猪瘟传入，以及随后在比利时流行病学背景下的饲养场之间传播的不同传播途径相关的风险。通过对国内和国际专家问卷获得的定性回答进行数值转换和统计处理，最终得出了对危害发生的半定量评估和所有传播途径的排名。

在定量风险分析方面，上海大学和上海海关动植物与食品检验检疫技术中心研究团队（2016—2021 年）在模拟变量的基础上，应用蒙特卡罗模拟和拉丁超立方抽样技术，建立定量风险分析模型，对口蹄疫、非洲猪瘟、蓝舌病等重要外来潜在入侵畜禽疫病传入风险开展了定量风险分析工作。中国动物卫生与流行病学中心杨宏琳等（2020 年）为分析云南中缅边境活牛走私传入口蹄疫的可能性，收集云南边境地区活牛非法调入途径、路线和数量等信息，利用“情景树”法建立传入风险随机模型进行仿真分析，对口蹄疫通过云南中缅边境活牛走私传入我国的风险进行了定量评估。海关总署国际检验检疫标准与技术法规研究中心李建军等（2020 年）通过场景分析，确定了影响进口鸡肉传带禽伤寒沙门氏菌风险的 14 个因子，依此构建风险评估数学模型，对进口鸡肉传带禽伤寒沙门氏菌风险进行了定量评估。

另外，通用风险评估工具研究是国外研究的一大趋势。Cabral 等（2019 年）研究了外来疫病入侵和传播的风险评估，着重对风险评估工具进行了分析；Clazie 等（2020 年）对基于非洲猪瘟案例研究的动物疫病入侵通用风险评估工具进行了交叉验证。美国加州大学 Grange 等（2021 年）开发了一个开源的风险排名框架和交互式网络工具 SpillOver，可以对野生动物源病毒的风险评分进行估计，对未知的潜在人兽共患病病毒与已知的人兽共患病病毒进行比较风险评估，给出风险值，从而得出人兽共患病病毒的传播潜力与风险。

（四）商品安全性评价

安全商品（Safe Commodity）指无须针对特定疫病、感染或侵染采用风险缓解措施即可交易的商品。无论该商品原产地该特定疫病、感染或侵染的状态如何，安全商品的贸易均不受限制。

对于 WOAH《陆生动物卫生法典》具体疫病章节列出的安全商品名录，无论出口国或地区 WOAH 疫病名录中所列疫病状态如何，均可就所规定的商品进行贸易。交易商品中不存在病原，或在用于生产商品的动物组织中不存在病原，或动物产品经加工或处理已灭活病原，是将商品列入安全商品名录的依据。只有在明确规定加工或处理方法的情况下，才可以利用与加工或处理有关的标准对商品的安全性进行评估。

根据 WOAH《法典使用指南》和《陆生动物卫生法典》第 2. 2. 1 条所述，动物产品符合以下条件之一，即确定为国际贸易安全商品：

1. 有确凿证据表明，用于商品生产的动物组织中病原数量不足以通过自然暴露途径引起人或动物感染。该证据的依据是无论动物是否表现出临床症状，病原在感染动物体内的分布情况是已知的。

例如针对伪狂犬病毒感染，其安全商品为：新鲜家养猪肉和野猪肉，不包括内脏（头、胸腔和腹腔脏器）；家养猪肉和野猪猪肉制品，不包括内脏（头、胸腔和腹腔脏器）；动物源性产品，不包括内脏（头、胸腔和腹腔脏器）。进口或过境转运上述商品及产品审批时，无论出口国或地区的猪伪狂犬病毒感染状态如何，兽医主管部门均不应提出任何与之相关的限制性条件。

2. 如果病原可能存在于或可能污染用于商品生产的动物组织，但是贸易商品采用标准的加工或处理方法进行生产。虽然该加工或处理方法并非特异性针对该病原，但是该加工或处理方法可以有效灭活病原，防止可能的人或动物感染。上述加工或处理方法包括：物理方法（如利用温度、干燥、辐射等）；化学方法（如碘化、改变 pH 值、盐渍、烟熏）；生物方法（如发酵）。

例如，针对小反刍兽疫，进口或过境转运经制革业化学及机械方法处理过的大、小件生皮半成品（浸灰皮、浸酸皮和半成革，如蓝湿皮和半硝革）审批时，无论此类商品的出口国或地区小反刍兽疫状态如何，兽医主管部门均不应提出任何与小反刍兽疫有关的限制性条件。

三、兽医立法与行政保障

兽医行业的发展在国家乃至全球的卫生健康、粮食安全和食品安全、农业和农村发展、扶贫、国际贸易、环境保护等方面起着至关重要的作用。为实现以上方面的健康发展，WOAH 规定兽医行业需要有良好的治理方式及标准以实现公认的公共利益，而立法是实现良好治理的关键因素，同时兽医立法也为各国（地区）兽医主管机构履行 WOAH 规定的义务和遵循国际食品法典委员会（CAC）提出的建议提供了法律基础。

（一）兽医立法规则

WOAH 规定兽医立法应该包括管理兽医领域所需的所有法律文件，并在《陆生动物卫生法典》中就 WOAH 成员制定或更新兽医法规提供了建议，以符合 WOAH 标准，从而确保兽医行业有一套行之有效的治理方式。

首先，WOAH 对于兽医立法提供了一般性规定的建议。诸如兽医法规应严格遵从主要立法和次级立法之间的等级关系，且兽医法规应与国家法律及国际法规相一致，应包括民法、刑法与行政法。兽医法规应秉承公开透明的原则，同时兽医主管机构应与利益相关者建立好沟通联系，并征求其意见，保障法规的顺利实施。兽医主管机构或相关专家在制定和修订兽医领域相关法律时，兽医主管机构应积极地与法律专家共同磋商，以确保制定的法规科学、有效。

其次，WOAH 为兽医立法提供了相关起草原则的建议。诸如要明确规定法规内各主体的权利、职责和义务；文字表达清晰、严谨、准确，用词一致；定义无矛盾、无歧义；须明确规定法规的适用范围和目标；根据情况，规定相应的刑事或行政处罚。以上立法原则也是我国兽医立法过程中一直秉承遵守的原则。

最后，WOAH 为兽医立法的相关内容提供了建议。这些建议从主管机构的权利及各执法机关的责任和权利，兽医及兽医辅助人员的管理，兽医领域实验室的管理，与动物生产有关的卫生规定，动物疫病的监测、防控、处置等规定，动物福利的规定，兽药与生物制品的生产、质量、运输、存储、销售等方面的规定，动物源性食品的生产、加工、销售等方面的规定，进出口程序和兽医证书签发方面的规定等诸多方面均进行了阐述。明确列出权利和职能清单，一方面是为了官员在执法过程中得到法律及人身保护，另一方面也是为了保护利益相关者和公众的权益，避免官员滥用职权。

（二）兽医机构的管理框架

1. 相关定义

WOAH 为了对兽医、兽医法定机构等专有名词达成统一认识，对兽医相关的专有名词做了如下定义：

（1）兽医：是指经国家相关兽医法定机构注册或许可的，在该国从事兽医/科研工作的人员。

（2）助理兽医：是指根据《陆生动物卫生法典》要求，经兽医法定机构授权并由兽医负责和指导，代表兽医在国内进行（按兽医助理类别）指定任务的人员。各类助理兽医被授权的任务由兽医法定机构根据资格培训及需要确定。

（3）官方兽医：是指由国家兽医行政管理部门授权的兽医，行使商品（指动物、动物产品、精液、胚胎/卵、生物制品和病料）的动物健康或公共卫生监督，并在适当的条件下，对符合条件的商品签发卫生证书。

（4）兽医行政管理部门：是指在全国范围内有权实施 WOAH 推荐的动物卫生措施和国际兽医出证程序、监督或审查其实施的政府兽医机构。

（5）兽医当局：是指在兽医行政管理部门授权下，直接负责执行动物卫生措施及监督国内各地签发国际兽医证书的兽医机关。

（6）兽医法定机构：是指管理兽医和助理兽医的独立机构。

2. 官方兽医制度

在 WOAH 的成员中，有 70%的成员采用官方兽医管理制度，即由国家兽医行政管理部门授权官方兽医行使动物及动物产品生产全过程监督的一种兽医管理制度。其主要特征是由国家兽医行政管理部门授权官方兽医为执法主体，对动物及动物产品生产的全过程进行公正公平的卫生监督，保证动物及动物产品符合卫生要求，并在此基础上签发动物卫生证书，降低疫病传播风险，维护人类及动物健康。官方兽医制度基本代表了全球各国的兽医管理框架。

国际上官方兽医制度大致分为三种：以欧洲和非洲多数国家为代表的典型的国家垂直管理的官方兽医制度；以美国和加拿大为代表的国家垂直管理和各州管理相结合的官方兽医制度；以澳大利亚和新西兰为代表的州垂直管理的官方兽医制度。下面介绍几个主要国家的兽医管理制度。

（1）德国

德国最高兽医行政官为首席兽医官，该首席兽医官统一管理全国兽医工作，州和县（市）的兽医官都由国家首席兽医官统一管理，并以县（市）级兽医官为主行使职权。每个县（市）都设一个地方首席兽医官和三名兽医官，分别负责食品卫生监督、动物保护和健康、动物流行病三个方面的工作，兽医官只与当地政府发生业务联系，而不受地方当局领导。国家在联邦议会设有联邦兽医专业、联邦动物流行病专业、联邦卫生专业和联邦国防医学专业四个专业委员会，负责动物卫生方面的立法。

（2）美国

美国的官方兽医制度是国家垂直管理和各州管理相结合的兽医官制度。美国的官方兽医分为联邦兽医官和州立动物卫生官。美国农业部动植物卫生检验局（APHIS）是联邦最高兽医行政管理部门，APHIS 局长是最高兽医行政长官，由农业部副部长兼任。APHIS 总部拥有兽医、动物卫生技术人员、流行病学家、统计学家和其他专业领域的人员，负责全国的动物卫生监督、动物及动物产品安全贸易和应对动物卫生突发事件等。此外，APHIS 还在全国设了东、中、西三个区域兽医机构，分别管理分布在全国各地的 44 个地方兽医局（几乎每个州都有一个）。地方兽医局具体负责当地动物调运的审批、免疫接种的监督、动物登记和突发疫情的扑灭工作。APHIS 总部的兽医官和地方兽医官都属于联邦兽医官。

（3）澳大利亚

澳大利亚的官方兽医制度管理分为联邦政府和州政府两级。联邦政府负责制定动物疫病防治政策、进出境检疫、国际贸易谈判以及生物安全管理和组织开展新发病和外来病防治等。州政府在本州范围内具体实施动物疫病的监测、控制和扑灭等工作。

（4）英国

英国施行国家垂直管理的官方兽医制度，主要包括：动物健康福利总司（总司司长兼任国家首席兽医官）；国家兽医服务署；运行服务总司的奶制品卫生监察处；食品农业渔业总司的鸡蛋交易监察处；环境渔业及水生物研究中心的鱼类健康监察处；皇家兽医学院为英国唯一兽医监管机构，负责兽医和执业兽医注册并规范兽医教育和职业操守。

（5）中国

我国的官方兽医实行内、外检分离制度，农业农村部负责全国的畜牧兽医行业监督管理工作，进出境动物检疫由海关总署统一管理。在内检方面，我国的官方兽医制度类似于美国等国家的官方兽医制度，国务院畜牧兽医行政管理部门主管全国的动物防疫、兽药、种畜禽、饲料和饲料添加剂等工作的监督管理，县级以上地方人民政府畜牧兽医行政管理部门主管本行政区域内的动物防疫、兽药、种畜禽、饲料和饲料添加剂等工作的监督管理工作。在外检方面，我国的官方兽医制度采用国家垂直管理方式，海关总署负责拟订出入境动物及其产品检验检疫的工作制度，承担出入境动植物及其产品的检验检疫、监督管理工作，各直属海关负责本关区范围内出入境动物及其产品的检验检疫、监督管理工作，各直属海关的隶属海关负责辖区内出入境动物及其产品的检验检疫等工作的具体实施。

3. 官方兽医制度的执行

欧美国家官方兽医一般要具备以下条件：（1）接受过5~7年的兽医学历教育，获得兽医专业学位或同等学位；（2）获得学位者须在国家兽医专业资格管理机构注册才具备从业资格；（3）具备从业资格后要接受法律、管理等方面的培训，且考核合格。

不同国家官方兽医任职条件稍有不同，如美国、加拿大、日本等国的官方兽医任职前必须通过国家兽医资格考试，取得兽医资格证书。埃及虽未设置兽医受教育水平测试程序，但每个兽医必须获得职业许可。

（三）兽医机构的目标与职能

1. 兽医机构的目标

WOAH 规定兽医机构应制定并公布本部门的工作目标。工作目标应随社会进步与时俱进，目标内容包括任务、对象、范围、理念都要与社会发展相适应。以我国为例，我国现阶段兽医机构的目标主要包括保障畜牧业生产安全、保障公共卫生安全、保障动物源性食品安全等方面。

保障畜牧业生产安全。最重要的是动物疫病防治。据 WOAH 测算，全球已知陆生动物疫病超过 300 种，动物疫病造成的直接损失为畜牧业产值的 20%~30%，做好动物疫病防治工作对于提升畜牧业质量，保障动物源性食品有效供给具有特殊意义。

保障公共卫生安全。习近平总书记在中共中央政治局第三十三次集体学习时强调，加强国家生物安全风险防控和治理体系建设，提高国家生物安全治理能力。他强调，要实行积极防御、主动治理，坚持人病兽防、关口前移，从源头前端阻断人兽共患病的传播路径。统计表明，历史上给人类带来灾难性损失的传染病中，60%为人兽共患病。近 20 年全球新发传染病中，75%源于动物。

保障动物源性食品安全。影响动物源性食品安全的主要因素有两方面，一方面是以药物残留为主的化学性风险，另一方面是以致病微生物为主的生物性风险。近年来生物性风险愈发受到关注，世界卫生组织（WHO）估计，在非洲地区，每年有 9100 多万人患腹泻病，13.7 万人死亡，其中非伤寒沙门氏菌导致死亡人数最多（3.2 万人），占全球死于非伤寒沙门氏菌人数的一半以上。

2. 兽医机构的职能

WOAH 规定兽医机构按照兽医立法相关规定履行兽医相关职能，并确定职能执行的部门。这些职能包括流行病学监测、疫病控制、进口检查，动物疫病通报、动物标识管理、追溯管理、动物运输管理、流行病学信息交流、兽医人员培训认证以及实验室系统的相关管理。

（四）人力资源

WOAH 规定，兽医机构的人力资源应以正式人员为核心，主要包括行政官员、专业官员和技术支持人员三方面的力量，必要时还可以聘用兽医辅助人员、助理兽医和私人兽医。根据 WOAH 相关规定，一个国家兽医工作机构的行政官员、专业官员和技术支持人员可以统称为官方兽医人员。兽医等专业人员和其他人员，通过专业学习和继续教育获得相当的能力水平，以便有效和高效地开展执法工作和履行其相应职能。

1. 兽医机构组织架构

国家兽医主管机构及地方兽医主管机构要有明确的组织架构、岗位职责、职位数量；明确兽医主管机构与从事兽医服务机构之间的管理关系。

2. 兽医机构人力资源

拥有与兽医主管机构岗位数量相匹配的全职和兼职的官方兽医；可配置一定数量的由兽医主管机构授权认证的可行使官方兽医职能的私营从业兽医；拥有与本国畜牧兽医行业体量相适应的兽医，包括从事畜牧兽医生产、实验室检测、行政管理、进出口检疫及其他领域的兽医；拥有与本国动物源性食品行业体量相适应的兽医，包括从事畜牧兽医生产、实验室检测、行政管理、进出口检疫及其他领域的兽医；拥有足量的兽医大专院校，满足全国兽医岗位需求，兽医课程安排合理，培养的兽医专业毕业生应具备基本的兽医执业能力。

3. 兽医官

国家首席兽医官是国家兽医国际事务的唯一代表，一般设在国家的兽医主管机构。在国外，大多数国家的首席兽医官还可以设置助理职位。多数国家将兽医机构人力资源中主管兽医工作的行政官员称为兽医官。行政官员大多分布在兽医行政管理部门即决策机关，主要负责动物卫生立法、制定政策和兽医卫生工作的宏观管理。

4. 官方兽医（专业官员）

官方兽医主要分布在执法机构，负责动物卫生和/或公共卫生的监管，并签发动物卫生证书。各国对官方兽医的称谓也不尽相同，加拿大称为检疫官，美国称为兽医官，以色列称为兽医警察等。

5. 技术支持人员（技术人员）

主要分布在技术支撑单位（相关中心、实验室、研究机构等），承担动物疫病监测、检验、技术研究、风险分析和评估认证等技术任务。动物卫生技术人员大多分布在官方兽医体系的技术支撑单位，即国家动物疫病参考实验室、动物疫病诊断中心、流行病学中心、动物卫生监测研究机构和评估分析等兽医机构，如法国的食品卫生安全局（AFSSA）、美国的动物卫生及流行病学中心（CEAH）、澳大利亚的动物卫生协会（AHA）、瑞士的病毒和免疫学研究所，以及其国家的兽医参考实验室等。

（五）财政保障

充足的财政保障是兽医主管机构开展执法活动，有效控制重大动物疫病的先决条件，WOAH 规定兽医相关行业应具有功能齐全且维护良好的物质资源，为其正在进行和计划的活动提供充足的资金资源，并获得相关支持以有效应对紧急情况或新出现的问题。

兽医主管机构应建立完善的公共财政保障机制，兽医行政、执法和技术支持工作所需经费应纳入各级财政预算，统一管理。要有充足的预算保证兽医行政执法人员经费和兽医机构日常运转费用。有充足的动物疫病监测、预防、控制、扑灭经费以及动物产品有毒有害物质残留检测等经费预算。兽医机构的总预算要与畜牧兽医生产等行业在国内生产总值的实际贡献相匹配。

（六）质量评价

兽医机构管理质量是动物卫生和动物源性食品安全的基础和保障，是兽医主管机构开展执法活动的正面反馈。WOAH 高度重视兽医机构管理质量，制定了一系列兽医机构管理质量评估方法和标准，以期提升兽医机构公共管理质量和服务效能。WOAH 规定兽医主管机构应建立完善健全的绩效评估方案，全面对本国的畜牧兽医相关行业进行检查，绩效评估内容应涵盖流行病学监测、疫病控制、进口检疫、动物疫病通报、动物标识管理、追溯管理、动物运输管理、流行病学信息交流、兽医人员培训认证以及实验室系统的相关管理等职责范围。

四、口岸建设与进出境动物检疫要求

（一）口岸兽医机构及检疫设施

各国（地区）应采取必要措施，确保其境内边境口岸兽医机构健全、设施完备，机场设直接过境区，便于执行 WOAH 推荐的各项动物卫生措施，包括临床检查、消毒及除虫处理、泔水及垫料处理、隔离检疫等。各国（地区）边境口岸兽医机构遵循 WOAH 规则开展动物检疫有关能力水平不尽相同，WOAH 将其分为 5 个能效等级：

1. 兽医机构未实施任何形式的边境动物检疫或相关安全措施。

2. 兽医机构不遵循国际规则而自行制定和实行边境动物检疫和安全程序。

3. 兽医机构基于国际规则制定和实行边境动物检疫和安全程序，但未系统涵盖动物和动物产品非法进口问题。

4. 兽医机构基于国际规则制定和实行边境动物检疫和安全程序，并系统涵盖了动物和动物产品非法进口问题。

5. 兽医机构与邻国、贸易伙伴共同基于国际规则制定和实行边境动物检疫和安全程序，全面涵盖了边境口岸所有动物卫生问题。

基于综合因素考虑，在所有口岸都配备高效能的兽医机构并不符合客观实际，各国（地区）往往采取限定动物从某一或少数经该国（地区）兽医主管部门认可的口岸入境措施，并演化为进境动物指定口岸制度。例如，美国允许进口动物的空港和海港口岸有 3 个，分别为洛杉矶（加利福尼亚州）、迈阿密（佛罗里达州）和纽伯格（纽约）；向欧盟出口活动物必须在所有欧盟成员国根据欧盟条例（EU）2017/625 设立的边境管制点（BCP）接受兽医检查；澳大利亚要求所有的进口动物在维多利亚州 Mickleham 隔离场检疫合格后方可入境；日本允许进口陆生动物的有 19 个空港和海港口岸，而实验猴只能从成田国际机场、关西国际机场进口；我国允许进口食用水生动物从海关认可具备指定监管场地条件的口岸入境，进口大中动物则需要从配套有动物隔离场（与入境口岸距离不超过 200 千米）的口岸入境。

（二）进境动物检疫要求

根据 WOAH《陆生动物卫生法典》和《水生动物卫生法典》规定，进境动物及动物产品检疫要求有：

1. 提前申报要求。入境前，向进口国（地区）兽医机构申报入境时间、动物种类及数量、运输工具、启运口岸、入境口岸、动物产品的性状及包装等信息。各国（地区）普遍遵循这一规则，特别是对于活动物以及动物遗传物质、动物生皮等疫情传播高风险产品，在入境前，须获得进口国（地区）官方主管部门许可后，方能按许可证列明的要求实施进口。在美国，进口动物必须向动植物卫生检验局（APHIS）提出申请，APHIS 审批除了根据国外动物疫情及检疫议定书的规定外，还要考虑进境动物、口岸隔离场等情况确定。在日本，进口偶蹄动物和马属动物须在预计入境前90~120日内向动物检疫所提出申请，进口家禽等须在入境前40~70日提出申请。在我国，对进口活动物以及动物遗传物质、动物生皮等高风险动物产品实行检疫审批制度，要求入境前申请并获得海关进境动物许可证后，方可实施进口，活动物入境前须提前不少于30日通知入境口岸海关，便于实施检疫前准备工作。

2. 国际兽医证书要求。进口时随附出口国（地区）兽医主管部门签发的国际兽医证书，列明按进口国（地区）要求实施了出口前检疫。国际兽医证书格式一般通过双边协议约定，或由进口国（地区）参考WOAH国际兽医证书模板制定。目前，日本已与澳大利亚开通国际检疫证书电子互送系统，对部分畜产品仅须提供检疫证书号即可。我国对活动物及高风险动物产品，一般要求国际兽医证书按海关总署确认的证书格式签发，对于蓝湿牛皮等低风险的动物产品则免于提供国际兽医证书。

3. 口岸检疫要求。进口国（地区）在入境口岸对进口动物及其产品实施检疫，确定进口前运输过程是否途经疫区、动物是否染疫或疑似染疫、动物产品是否有引入动物疫情的风险等。检疫的手段有现场查验、抽样检测、隔离检疫等。经检查合格的，允许进口。欧盟通过TRACES系统对进入欧盟的活动物从口岸到目的地检疫信息的全程确保可追溯，我国通过海关信息系统实现了进境大中动物从原产国（地）、入境口岸、隔离检疫场以及流向目的地的全程追溯。

4. 不合格的处置要求。WOAH建议，没有国际兽医证书的或证书不符合要求的，或者口岸检疫证明动物染疫或动物产品危及人或动物卫生的，可以采取禁止入境、更正证书、退运、销毁或者无害化处理等措施。其中，无害化处理措施一般仅适用于食用或非食用动物产品的不合格处置，经进口国（地区）官方兽医主管部门风险评估后方可实施。

5. 运输工具要求。对运输患有或可疑患有WOAH疫病名录中所列疫病的动物，其运输工具应视为已被污染，进口国（地区）可视情况对动物进行隔离检疫、屠宰、销毁或灭菌处理，对垫料、饲料及其他污染材料进行销毁，对押运员行李物品、可能接触动物或污染材料的运输工具所有部分进行消毒，并严格实施进口国（地区）要求的卫生措施，如为虫媒传染病，则应进行杀虫处理。来自存在虫媒传染病国家的飞机着陆后，应立即进行杀虫处理，在即将起飞前或在飞行中进行过杀虫处理的除外。

6. 进口国（地区）履行义务。WOAH 建议，各国（地区）应公布配备有进口动物检疫设施的进境口岸名单，快速有效办理进口手续，口岸检疫不合格判定应有科学证据，紧急情况下不得以动物卫生为由拒绝船舶靠岸或飞机着陆。一些国家提供了进口条件查询系统，如美国 APHIS 网站的兽医许可辅助系统（VSPA），澳大利亚农业、水和环境部网站的生物安全进口条件系统（BICON）等。我国在海关总署动植物检疫司子网站公布有进境动物检疫准入、非食用动物产品分级分类管理、进境动物隔离检疫场等相关信息。

（三）过境动物检疫要求

根据 WOAH 规定，过境国（地区）如无正当理由，不应拒绝动物及动物产品过境请求，但可作如下检疫要求：

1. 提前申报要求。出口国（地区）预先向过境国（地区）提出过境请求，随附提供动物的种类和数量、运输方式、事先安排和过境国（地区）批准的出入境口岸及路线等信息。如果出口国（地区）或过境前途经国家或地区被认为存在某种动物疫病，其可能传播动物疫情时，过境国（地区）可拒绝让其过境请求。当运载动物或动物产品的飞机曾在疫区的非感染机场着陆，但是没有卸载动物及动物产品时，则不能将其视为来自疫区。

2. 国际兽医证书要求。过境国（地区）口岸兽医机构，如果发现动物及动物产品随附的国际兽医证书不正确或没有签名，可拒绝其过境。

3. 口岸检疫要求。过境国（地区）口岸官方兽医对过境动物及动物产品进行卫生检查（封闭式运输工具或容器运输除外），如果发现过境动物患有或感染法定申报的动物疫病，或者发现动物产品对人或动物卫生有危险，可拒绝其过境。

4. 不合格的处置要求。没有国际兽医证书的或证书不符合要求的，或者口岸检疫证明动物染疫或动物产品危及人或动物卫生的，可以采取禁止入境、更正证书、退运、销毁等措施。

5. 运输要求。运送动物过境的列车、车辆应安装防止动物逃逸及排泄物泄漏的设施；因过境动物饮水、饲喂或动物福利以及其他必要的正当理由，可在过境国（地区）监督下在过境国（地区）内卸离运输工具；如发生意外卸离运输工具，相关情况需通知进口国（地区）；船舶航行过程中，必须遵守兽医主管部门的规定，尤其避免虫媒传染病传播风险。

6. 异常情况处置。船舶或飞机如发生计划之外的异常靠泊或着陆，应立即就近报告兽医主管部门或其他公共主管部门；主管部门接到通知后，应采取适当的卫生措施；除非紧急情况，例如须采取必要措施保证动物、押运人员等的卫生和安全，否则动物、押运人员等不得离开停靠地点，不得搬运任何设备、垫料或饲料；在按照兽医主管部门的规定采取措施后，船舶或飞机可靠泊或着陆进行卫生处理，因技术原因无法进行处理时，可转移到合适的港口或机场。

目前，各国（地区）基本遵循 WOAH 的规则实施动物过境及中转的检疫和管理。在欧盟，由于各成员之间的流动没有边境管制，根据 90/425/EEC 指令，动物在途中和目的地均须进行非歧视性的现场检查，以确保动物符合兽医卫生证书要求，确保途中使用同一交通工具，并由 TRACES 系统全程跟踪。在我国，《中华人民共和国进出境动植物检疫法》第四章“过境检疫”和《中华人民共和国进出境动植物检疫法实施条例》第五章“过境检疫”的具体法律规定与 WOAH 规则基本一致，例如美国的禽肉在海关监管下从天津口岸入境并封闭运输过境到蒙古国。

（四）出口动物检疫要求

对于出口动物检疫，国际上通行的做法是根据进口国（地区）的要求对出口动物实施出口前检疫。检疫要求通常包括以下六个方面：

1. 标识可追溯。标识如可视耳标、电子耳标、芯片或外包装标签等。出口国（地区）应建立标识追溯系统，确保动物及动物产品的可追溯性。例如，美国推行“国家动物标识体系”，对家畜饲养场进行登记，并颁发对应的编号，场内动物要一畜一号，动物的标识号由 12 位数字组成，内含国家代码、场所编码和动物编号；澳大利亚、新西兰等向中国出口的种牛，中国海关可以通过可视耳标和 RFID 电子耳标实现对动物个体的追溯；对于我国内地供港澳活猪，港澳地区检疫部门则可以通过每头猪身上人工加施的针印号追溯到其来源的内地海关注册登记饲养场。

2. 开展出口前检疫。有关疫病实验室检测、免疫接种、消毒和杀虫等卫生措施，应符合 WOAH 的建议。国际上通行的做法是由进口国（地区）

和出口国（地区）双边协商确定相关卫生措施的具体要求。

3. 开展动物出口前临床检查。可在饲养场所或隔离检疫场进行，检查出口动物无传染病症状，且符合进口国（地区）和出口国（地区）一致认可的卫生状况，必要时可以在离境口岸进行。例如供港澳活猪在饲养场所在地海关监督下装车，运输至深圳或珠海时，口岸海关会实施临床检查，确认活猪体态健康、无染疫迹象后方可出口香港或澳门。

4. 落实运输过程卫生要求。动物从农场或隔离场向离境口岸运输过程应实施卫生控制措施，包括运输工具消毒、运输路线不得经过疫区、不得接触非同批次出口的其他动物等。

5. 落实原产国（地）要求。进口国（地区）通常会要求动物精液、胚胎、卵细胞、种蛋以及食用或非食用的动物产品来自出口国（地区）。某些情况下，动物并非在出口国（地区）出生，但其在出口国（地区）生长达到一定时间，亦可认为原产于该国（地），具体由进口国（地区）根据风险分析结果确认。例如欧盟 72/462/EEC 指令规定种用动物不少于 6 个月和屠宰动物不少于 3 个月。

6. 签发国际兽医证书。一般由官方兽医在离境前 24 小时内提供，证书应与 WOAH 认可样本一致或使用进口国（地区）认可的证书样本。

澳大利亚可向 100 多个国家（地区）出口活畜，其出口的管理制度值得借鉴。澳大利亚颁布《出口管制法》（Export Control Act 1982）及相关法规实施出口农产品的监管，以确定产品符合进口国（地区）要求，并维护本国农产品声誉。出口商品的管理分三大类：一是法检商品，包括乳制品、鸡蛋和蛋制品、鱼和鱼制品、新鲜水果和蔬菜、谷物和种子、干草和稻草、活动物、肉及肉制品、有机农产品、植物和植物产品，基本涵盖了进口国（地区）有要求的商品；二是法律规定可免检的法检产品，例如制造业或制药用鱼油、作为宠物食品的鱼粉等动植物副产品；三是非法检商品，如葡萄酒等深加工产品，传播动植物疫病风险极低，符合相关食品安全标准即可出口。活动物属于法检商品，出口活畜一般要求满足澳大利亚动物福利要求、澳大利亚出口活畜标准和进口国（地区）的检疫要求。出口遵循以下基本程序：

（1）出口企业注册登记。动物卫生主管部门依照《出口管控（管制商品—通则）法令 2005》［Export Control（Prescribed Goods—General）Order

2005］对出口动物的出口前检疫、隔离场、诊疗及检测的场所进行注册登记。企业收到主管部门签发的确认函和注册登记证书，即可开展出口业务。注册登记证应当在企业生产场所公示。

（2）确定负责人。要求守法、诚信、服从政府管理。

（3）符合相关标准。包括澳大利亚出口标准和进口国（地区）要求。

（4）出口计划需报批。出口前，企业须事先向主管部门提交单批次贸易产品的出口工作计划，涵盖产品生产及物流环节，经批准后方可实施。

（5）缴纳费用。依据主管部门公布的收费标准缴纳相关费用。

（6）获取出口证书。出口活动物兽医卫生证书由人工签发，证书内容在 TRACES 系统内产生。主管部门利用该系统管理从澳大利亚出口活动物的申请和批准过程。

（7）符合特殊规定。出口架子牲畜和屠宰牲畜的出口商必须为出口动物建立出口商供应链保证系统（ESCAS），报经主管部门批准。

五、动物福利

（一）动物福利简介

1. WOAH 动物福利概述

根据 WOAH《陆生动物卫生法典》，动物福利是指动物与其生存和死亡条件相关的身心状态。动物福利涉及科学、伦理、经济、文化、社会、宗教和政治等多个方面，是一个复杂且多元化的主题。良好的动物福利需要满足健康、舒适、安全、喂养良好、能够表现本能行为，且无疼痛、恐惧和应激等条件。良好的动物福利主要体现在疫病防范与治疗、合适的饲养场所、管理和饲养、人道的处置和屠宰或宰杀等方面。WOAH 是负责制定动物福利标准的国际组织，并且动物福利已经成为 WOAH 的优先事项之一。

2016 年，WOAH 在墨西哥召开的第四届全球动物福利大会上提出了“全球动物福利战略”，并于 2017 年制定发布并被所有成员采纳。“全球动物福利战略”已成为 WOAH 在动物福利领域的持续性行动指南，主要包括四个方面，分别是：制定动物福利标准；能力建设和教育；同政府、组织和公众的沟通；动物福利标准和政策的实施。该战略目的是实现“一个动物福利被尊重、促进和发展的世界，能够促进对动物健康、人类福祉、社会经济发展和环境可持续性的追求”。该战略工作重点是同 WOAH 成员和主要国际利益相关者协商制定动物福利国际标准，发展兽医服务能力，改善同政府的沟通，提高对动物福利的认识，最终支持成员实施动物福利标准。

不同地区和不同文化对动物福利的认识不同，亦如不同动物对人类社会的贡献不同。基于上述事实，WOAH 制定的动物福利国际标准必须具有坚实的科学基础，需要所有利益相关方的参与，确保对人类饲养和使用动物的体系具有一个整体观点，并且旨在对动物福利产生切实影响。最早的 WOAH 动物福利国际标准是分别发布于 2004 年的《陆生动物卫生法典》和 2008 年的《水生动物卫生法典》。随着科学知识的发展，动物福利标准也在不断更新、不断提出新的标准以涵盖动物福利的不同方面。不同于 WOAH 动物卫生和兽医公共卫生标准，WTO 的 SPS 协定没有认可 WOAH 动物福利标准。但是，作为 WOAH 国际代表大会接受的基于科学的国际标准，上述标准依然属于国际认可的动物福利标准。

2. 发达国家和地区动物福利现状

欧美发达国家和地区动物福利事业历史悠久，动物福利水平处于世界前列。英国作为动物福利的发源地，1822 年颁布的《马丁法案》标志着动物福利事业的开端，并且该法案一直沿用至今。20 世纪 80 年代，欧盟、美国、加拿大、澳大利亚等发达国家和地区及亚洲的一些国家和地区，先后进行了动物福利方面的立法。目前，世界上已有 100 多个国家和地区建立了完善的动物福利法规，涵盖了饲养、运输、屠宰等生产的不同环节，为农场动物福利提供了系统完备的政策保障。

欧盟是动物福利的积极倡导者，制定了保护动物福利的相对完善的法律法规，并有专门的机构负责监督及执行。英国是最早制定动物福利法的国家，欧盟的成员国大都是以英国的动物福利法为基础，结合本国的实际情况制定了符合自身的动物福利法。此后，欧盟各国还制定了许多专门的法律，对保护动物福利的各个方面进行了详细、明确的规定，比如 2004 年欧盟委员会同其 13 个成员国以及 4 个拉丁美洲国家，开展动物福利研究领域的合作，共同建设综合性的欧盟“福利质量”体系，并制定了 12 项动物福利体系评价标准。迄今为止，欧盟关于动物福利的具体法规和标准已有几十项，涉及动物的饲养、运输、屠宰、实验等多个方面。德国将保障动物作为生命存在的权利写入宪法。美国除了在大型法案中涉及部分农场动物福利的内容外（从1990年开始在《农业法案》中鼓励农场主执行动物福利等），还从联邦层面为动物福利立法，各州也分别制定相关的法律以保障动物福利。为更科学地开展动物福利立法工作，欧美发达国家和地区还开设专门的机构，致力于动物福利法律规定的可行性和有效性研究，比如欧洲食品安全局（EFSA）成立了动物福利研究机构，确保动物福利立法的科学性和可操作性。

在各国（地区）政府加强立法的同时，一些民间动物保护组织，如国际爱护动物基金会（IFAW）、英国防止虐待动物协会（RSPCA）、世界动物保护协会（WAP）、美国防止虐待动物协会（ASPCA）等，也为提高全球动物福利水平作出了重要贡献。

（二）WOAH陆生动物福利国际标准

1. 现状

目前，WOAH《陆生动物卫生法典》中包含1个动物福利总则和13个动物福利标准，其中动物福利标准是：《动物海路运输》《动物陆路运输》《动物航空运输》《动物屠宰》《为控制疫病捕杀动物》《流浪犬群控制》《科学研究和教学中的动物使用》《动物福利和肉牛生产体系》《动物福利和肉鸡生产体系》《动物福利和奶牛生产体系》《使役马科动物福利》《动物福利与生猪生产体系》《宰杀爬行动物以获取皮、肉和其他产品》。

在关于动物宰杀的福利要求方面，为保障非洲猪瘟流行地区猪的动物福利，保证非洲猪瘟防控措施的有效实施，WOAH于2019年发布了“WOAH非洲猪瘟控制措施框架内的猪福利保护活动”。

2. WOAH陆生动物福利指导原则

WOAH《陆生动物卫生法典》提出了陆生动物福利指导原则，其中规定需要将动物卫生与动物福利紧密相关，并以国际公认的“五大自由”原则及“3R”原则为基础，为动物福利及科研动物使用提供了动物福利指导原则。国际公认的动物“五大自由”是动物免受饥渴和营养不良的自由、免受恐惧和应激的自由、免受身体不适和温度不适的自由、免受伤痛和疫病危害的自由、表达天性的自由。科研动物“3R”原则是减少实验动物使用数量、优化动物实验方法、非动物技术替代实验动物。科学评估动物福利需综合考虑各种因素，通常以有根据的假设为基础进行上述各种因素的取舍与均衡，并应尽可能将这些依据明确化；无论在农业、教育和科研中，还是作为人类的伴侣供人类休闲娱乐，动物对人类福祉作出了重大贡献；动物的使用涉及承担尽力确保动物福利的道德责任；改善农场动物福利往往有利于提高生产力和食品安全，进而促进经济效益；应基于性能标准的等效结果，而非设计标准的系统等同性，进行动物福利规范和建议的比较。

3. WOAH 关于畜牧业生产体系中的动物福利总则

WOAH《陆生动物卫生法典》中规定了畜牧业生产体系中的动物福利总则。总则规定进行动物育种时应考虑动物的卫生及福利；引入新环境的动物应能够适合当地气候；动物所处环境如地面（行走路面、休憩地面等）应与动物种类相适宜，尽量降低动物受伤、疫病或寄生虫感染的风险；动物所处环境应保证动物能够舒适地休憩，安全、舒适地移动包括可正常地改变体位和表现各种本能行为；动物的社会分群管理应尽力保障动物积极的社会行为，尽量减少动物遭受伤害、应激、长期恐惧；密闭空间的空气质量、温度和湿度应有利于保持良好的动物卫生状况，不应产生不适。在极端气候条件下，应确保不妨碍动物进行自然体温调节；动物应可获得与其年龄及需求相符的充足饲料与饮水，维持正常的卫生及繁殖状况，避免长时间的饥渴、营养不良或脱水；应通过良好的管理方法，尽可能防控疫病和寄生虫感染。应将有严重健康问题的动物隔离并及时治疗，无法治疗或治愈时，应及时进行人道宰杀。在无法避免使用造成动物疼痛的操作的情况下，应采取可行手段将疼痛减至最低。对动物进行的操作应能促进人与动物之间的良好关系，不应对动物造成伤害、恐慌、持久的恐惧或可避免的应激。最后，总则规定动物所有者及管理人员应具备足够的技能和知识，确保按照上述原则对待动物。

近年来，动物福利问题在我国愈发受到关注。一方面，随着经济的发展和人们生活水平的提高，人们对畜禽产品的需求从“吃得饱”逐渐转变为“吃得健康”“吃得营养”；另一方面，国际上关于动物福利贸易壁垒的问题日益突出，需要积极面对以提高我国畜禽产品的出口水平。

（三）WOAH 水生动物福利国际标准

1. 现状

养殖鱼类的基本福利包括根据鱼类生物学特性采用适当处理方法和提

供一个满足其需求的合适环境。鉴于养殖鱼种类众多，且生物学特性各异，所以不可能为每一种鱼制定特异性福利标准，因此，WOAH 水生动物福利标准仅限于养殖鱼的总体福利。

目前，WOAH《水生动物卫生法典》中包含 1 个动物福利总则和 3 个动物福利标准，其中 3 个动物福利标准分别是《运输过程中养殖鱼类福利》《供食用养殖鱼类击晕和处死操作中的福利》《为控制疫病而捕杀养殖鱼类》。

2. WOAH 水生动物福利指导原则

WOAH《水生动物卫生法典》规定了水生动物福利指导原则。基于鱼类在养殖业、捕捞业、研究、娱乐（如观赏用和水族馆）等方面对人类福祉作出了重大贡献，鱼类福利与其健康息息相关，改善养殖鱼类的福利有利于提高生产力，进而促进经济效益，WOAH 制定了 WOAH 水生动物福利标准。就养殖鱼类（不包括观赏鱼）而言，WOAH 提出了其运输、屠宰和为控制疫病而捕杀等过程中制定动物福利的建议。在养殖鱼类中使用动物福利标准关系到确保最大限度地实现动物福利的道德责任。科学评估鱼类福利需综合考虑科学数据和基于价值的假设，并应尽可能明确这些评估过程。在制定上述动物福利时应考虑应用上述原则。

（四）WOAH 其他动物福利指南

除了发布于《陆生动物卫生法典》和《水生动物卫生法典》的动物福利国际标准以外，WOAH 还就某些特定主题制定了动物福利指南。2016 年，WOAH 发布了关于动物卫生、动物福利和兽医公共卫生的“灾害管理和风险降低指南”，目的在于加强其成员兽医服务能力。

六、抗微生物药物耐药性

抗微生物药物（Antimicrobial Agents）是用于治疗感染，尤其是细菌性感染的药物。耐药性（Antimicrobial Resistance，AMR）是指细菌、真菌、病毒和寄生虫等微生物获得了对抗微生物药物治疗的抗性，从而对全球疫病控制造成威胁，是人类和动物健康的主要关注点。抗微生物药物本质上用于保护人类和动物健康以及动物福利，但是过量或不当使用能够导致耐药性细菌的出现，从而导致抗微生物药物对人类和动物的治疗失效，出现耐药性。

WOAH 长期以来致力于抗微生物药物耐药性问题的解决。作为动物卫生国际标准制定机构，WOAH 已经发布了 11 项抗微生物药物国际标准，尤其在合理使用方面，以通过确保根据 WOAH 国际标准负责任和谨慎地在动物中使用抗微生物药物，从而能够确保抗微生物药物的有效性。为实现这一目标，人类和动物卫生、环境部门之间的协调行动是至关重要的。兽医是解决方案的一部分，但是必须受到良好培训并得到兽医法定机构的良好监督。

（一）合理使用抗微生物药物

近年来，人类和动物大量使用抗微生物药物导致了全球抗微生物药物耐药性问题不断恶化，同时没有发现足够的新型抗微生物药物以对抗导致人类和动物严重疾病的病原微生物。随着食品贸易的全球化、传统旅游和医疗旅游的发展，无论采取何种预防措施都不能防止已经存在或未来的耐药性细菌轻易地分布于全球。

抗微生物药物耐药性能够对全球范围内健康造成威胁，从而直接和间接地威胁人类和动物健康。在动物健康领域，使用抗微生物药物非常重要，能够保护动物健康和动物福利，促进食品安全和保护公共卫生。因此，需要保护抗微生物药物的性能，避免耐药性的出现，从而更好地发挥抗微生物药物的作用。同时，WOAH 支持对抗抗微生物药物（特别是疫苗）的新研究，从而开发更多的抗微生物药物替代品。

WOAH 建议其成员建设兽医基础网络，能够实现有效的动物卫生监测，确保实现对动物疫病的早期发现和快速反应，从而将疫病控制在发生点。该网络也能保证动物卫生的基础水平，有利于对兽医制品和抗生素的敏感性、适当性和有限性使用。WOAH 提倡在兽医法定机构监督和兽医监管之下，合理使用抗微生物药物，从而实现对抗微生物药物的合理化使用和监督。

在包括发达国家在内的许多国家，抗微生物药物被广泛使用，但是对包括抗微生物药物在内的兽医制品的进口、生产、销售和使用的适当条件几乎没有任何限制。因此，兽医制品像普通商品一样没有任何控制地进行流通，并且经常出现掺假。截至目前，全球范围内没有统一的监测体系对动物抗微生物药物的使用和循环情况进行监控。对上述信息的收集能够更好地控制所用抗微生物药物的质量和效果。基于此，WOAH 受成员授权对上述信息进行收集，并建立了全球数据库以监控动物抗微生物药物的使用情况。该数据库将最终和 WOAH 全球动物卫生信息系统联网，从而能够使 WOAH 成员实现对进口药物来源的分析和控制，改善抗微生物药物的追溯性。

（二）WOAH 抗微生物药物耐药性相关活动

抗微生物药物耐药性是一个全球化人类和动物健康问题，受人类、动物和植物用药的影响。因此，人类、动物和植物领域应承担共同责任以防止或减轻人类和非人类病原的抗微生物药物耐药性选择压力。WOAH 同其成员、世界卫生组织（WHO）、联合国粮农组织（FAO）和国际食品法典委员会（CAC）密切合作。在 FAO、WOAH、WHO 分别于 2003 年和 2004 年召开非人类使用的抗微生物药物耐药性专题会议后，WOAH 制定了兽医用抗微生物药物列表，与 WHO 人用抗微生物药物列表并列。

1. WOAH 抗微生物药物耐药性战略

2016 年，WOAH 第 84 届国际代表大会一致通过第 36 号决议，授权 WOAH 制定抗微生物药物耐药性战略。2016 年 11 月，WOAH 发布“抗微生物药物耐药性和谨慎使用抗微生物药物战略”。该战略同 WHO 全球行动计划保持一致，认识到涉及人类和动物健康、农业和环境需要的“同一个健康”的重要性。该战略主要包括四个目标，分别是：提高认识和了解，通过监测和研究增强知识，支持良好的治理和能力建设，鼓励实施国际标准。

2. 动物用抗微生物药物全球数据库

在关于抗微生物药物耐药性的全球行动计划框架下，WOAH 在 FAO 和 WHO 的支持下并经过三方协作，牵头建设动物用抗微生物药物全球数据库，这是全球对抗抗微生物药物耐药性的重要里程碑。该数据库主要用于以下几个方面：监控抗微生物药物的类型和使用；支持成员实施《陆生动物卫生法典》第 6.9 章《监控食品生产动物中抗微生物药物的用量与使用模式》和《水生动物卫生法典》第 6.3 章《监控水生动物中抗微生物药物的用量与使用模式》；测定抗微生物药物使用随时间变化的趋势；追溯抗微生物药物全球循环和使用模式；评估使用抗微生物药物的质量和真实性。

WOAH 于 2015 年 10 月推出了动物用抗微生物药物全球数据库。

WOAH 抗微生物药物耐药性专题小组制定了数据提交模板和相关指导性文件，并由动物疾病科学委员会批准和 WOAH 成员测试。每年度的数据收集都能收到来自成员的有效反馈，从而进一步对数据提交模板进行改进。无论成员是否存在国家动物用抗微生物药物数据收集系统，上述数据提交模板能够使所有成员完成数据提交。

3. WOAH 动物用抗微生物药物年度报告

WOAH 每年向其成员进行一轮数据收集，并一般在 9/10 月到次年 5 月之间发布动物用抗微生物药物年度报告。最近一份年度报告发布于 2019 年 2 月，展示了第三次年度数据收集的总体调查结果，对 2015—2017 年间的数据进行了全球和地区分析。第四轮数据收集工作在 2018 年 9 月到 2019 年 5 月之间进行。目前提交数据的成员逐渐增多，2016 年第一次数据收集期间有 130 个成员提交数据，而第四次数据收集期间有 153 个成员提交数据。

（三）WOAH 抗微生物药物耐药性国际标准

WOAH 致力于陆生动物和水生动物抗微生物药物的负责任和谨慎使用，从而确保其治疗效果并延长其在动物和人类中的应用。在抗微生物药物耐药性领域，WOAH 制定了多个国际标准和指南，构成了对动物负责任和谨慎使用抗微生物药物和监控使用的框架。WOAH 同时制定了系列标准和指南，为其成员有效分析在食品生产动物中使用抗微生物药物导致耐药细菌的突然出现或传播风险提供方法。

WOAH 抗微生物药物耐药性国际标准主要有 11 个，分别发布于 WOAH《陆生动物卫生法典》、《水生动物卫生法典》和《陆生动物诊断试验与疫苗手册》。《陆生动物卫生法典》规定了 5 个耐药性国际标准，分别是第 6.7 章《关于控制抗微生物药物耐药性的建议》导言、第 6.8 章《国家抗微生物药物耐药性监测计划的协调》、第 6.9 章《监控食用动物生产中抗微生物药物的用量与使用模式》、第 6.10 章《负责任和谨慎使用兽用抗微生物药物》和第 6.11 章《动物使用抗微生物药物导致耐药性的风险分析》。《水生动物卫生法典》规定了 5 个耐药性国际标准，分别是第 6.1 章《关于控制抗微生物药物耐药性的建议》导言、第 6.2 章《负责任和谨慎使用水生动物抗微生物药物原则》、第 6.3 章《监控水生动物中抗微生物药物的用量与使用模式》、第 6.4 章《国家水生动物抗微生物药物耐药性监测计划的制定和协调》和第6.5章《水生动物中使用抗微生物药物导致耐药性的风险分析》。《陆生动物诊断试验与疫苗手册》规定了1个耐药性国际标准，即第2.1.1章《细菌抗微生物药物敏感性试验的实验室方法》。

（四）WOAH抗微生物药物耐药性国际合作

为确保人类、动物健康和环境方面政策的协调一致，需要全球化跨部门协调方案以对抗抗微生物药物耐药性。人类和动物拥有相同的病原，60%的动物传染病可以传染人，这也是“同一个健康”理念的基础。在此背景下，WOAH同多个国际组织开展合作，如WHO、FAO、CAC、WTO，与国际刑事警察组织（ICPO）也有开展合作。所有合作者共享信息，提出相关建议并且防止贩卖假冒产品。

1. WOAH/WHO/FAO三方联盟

自2010年开始，WOAH同WHO和FAO组建了三方联盟。2017年，三方联盟发布了第二份战略性文件，并于2018年正式签署了谅解备忘录，其中重申各自承诺，确定各自在对抗具有重要卫生和经济影响的疾病方面的责任。抗微生物药物耐药性是三方联盟的三项优先事务之一。2016年，《抗微生物药物耐药性高级别会议政治宣言》呼吁三方协商，成立抗微生物药物耐药性问题机构间协调小组（IACG）。IACG的任务是为确保全球采取持续有效行动以解决抗微生物药物耐药性所需的方法提供实际指导，并形成报告，提交联合国秘书长。

2. 抗微生物药物耐药性全球行动计划

WOAH在WHO的抗微生物药物耐药性全球行动计划中发挥了重要的作用。WOAH成员根据2015年一致通过的决议，承诺支持该计划的实施。在未来5~10年应重点实施的关键活动的框架内，全球行动计划强调了WOAH抗微生物药物耐药性国际标准的重要性，并支持WOAH建设动物用抗微生物药物全球数据库。

为合作开展全球行动计划的监测和评估，从而为战略决策提供信息，WOAH/WHO/FAO三方联盟制定了耐药性动态性监测和评估框架。该框架用于评估各国政府、三方组织和其他国家、国际伙伴在履行其作用和责任，从而应对抗微生物药物耐药性威胁方面的进展。

3. 参与全球卫生安全议程行动计划

对抗微生物药物耐药性采取行动，是全球卫生安全议程行动计划的关键组成部分。WOAH 作为顾问参加了全球卫生安全议程（GHSA）的世界指导委员会。GHSA 方案由美国与其他 40 多个国家以及国际组织（如 WHO、WOAH、FAO）联合推出。该方案的主要目标是解决抗微生物药物耐药性，旨在加速向一个更好地保护并免受传染病威胁的世界前进，以促进世界卫生安全作为国际优先事项。

（五）在实际工作中对抗抗微生物药物耐药性

WOAH 认为，只有当公众卫生、兽医卫生和环境卫生均在国家层面实施上述 WOAH 全球战略时，才能在抗微生物药物耐药性方面取得成功。国家动物卫生机构实施 WOAH 国际标准需要有抗微生物药物使用的相关立法，确保抗微生物药物在适当立法下的循环使用。抗微生物药物不是一种无害的产品，其销售应受到法律监督，并严格禁止假冒产品的分销。实施 WOAH 国际标准需要受过良好训练和受法律监督的兽医专业人士，需要培养卓越的兽医专业人员。面对抗微生物药物耐药性，兽医是解决方案的一部分。公共部门和私营部门的兽医专业人员在对抗抗微生物药物耐药性方面，特别是在监督抗微生物药物产品的处方和交付方面，可以发挥关键作用。因此，WOAH 还制定了兽医教育核心课程的指导方针。此外，WOAH 主张有适当的立法框架，以确保兽医专业人员的职业道德和兽医机构的良好管理。

在国家层面需要制订国家兽医机构的能力建设方案，分配必要的资源以加强兽医服务，从而能够行使适当的控制措施。国际团结对于帮助发展中国家和新兴国家实现实施和遵守 WOAH 标准所需的立法、基础设施、人力和财政资源至关重要。因此，WOAH 对兽医机构提供持续性支持，尤其是通过组织兽医机构效能评估（PVS）。WOAH 还建立了一个由政府任命的国家联络中心网络，以制定或更新与兽医产品的生产、进口、分销和使用有关的立法，并且建立了对抗微生物药物消耗量的监测机制。上述国家联络中心也为各自国家的 WOAH 代表提供了技术支持。

七、兽医诊断实验室

兽医诊断实验室的良好管理对于安全、持续和有效地提供兽医诊断服务至关重要。WOAH《陆生动物诊断试验与疫苗手册》要求兽医诊断实验室管理人员必须熟悉国家管理部门相关法规并制定合规程序，同时提出了员工安全、生物控制、生物安全、质量保证、动物福利和环境管理等关键要素是运营动物检疫实验室的重要组成部分。兽医诊断实验室对上述各方面的监管和管理与实验室提供的兽医诊断服务同等重要。

兽医诊断实验室需要满足WOAH《陆生动物诊断试验与疫苗手册》第1部分规定的一般要求。客户认可的关键要素是符合WOAH《陆生动物诊断试验与疫苗手册》第1.1.5章《兽医检测实验室的质量管理》的要求，并通过《检测和校准实验室能力的通用要求》（ISO 17025）认可。有效提供诊断服务的基础是对实验室设施和科学设备的运行和维护，同时需要向该领域分配足够的持续性资源。成功的兽医诊断实验室需要拥有一支训练有素、积极的员工队伍，应尊重和支持所有人，包括一线科学人员和在金融、人力资源、安全、质量、采购、工程、信息技术和通信等领域提供重要服务的支持团队。

（一）兽医诊断实验室的一般要求

1. 责任和监督

WOAH要求兽医诊断实验室除了提供基本的诊断服务外，还要为健康和安全、生物安全、动物福利和伦理、环境污染、基因操纵和质量保证负责。实验室应建立管理和报告上述问题的程序，并安排工作人员对其正式委派的职责负责。

实验室可以通过政府正式成立的管理机构，或通过兽医管理部门、或其他政府部门进行管理，并对提供的服务和问责的所有方面负责。实验室负责人应确保实验室的管理人员能够在一个科学健全的环境下开展工作。实验室应为未来一年制订中期战略计划和详细的商业计划。实验室主任负责将上述计划提交理事会或管理部门以获得正式批准。实验室还应准备一份年度报告，并通过确定的监督程序获得批准。实验室应定期审查总体目标和与政府商定的可交付成果。员工应随时了解上述可交付成果，了解优先事项，不能受到财务压力。

2. 行政管理

实验室运行应在实验室主任或首席执行官的授权下进行。实验室主任应负责实验室产出服务的交付和机构内资源的部署，需了解实验室工作的运行环境，充分了解最终用户的需求，使输出服务具有相关性、可靠、及时，并展示出激励实验室员工实现最佳服务的领导品质。

WOAH 认为实验室主任应在一个高级管理团队的支持下开展工作，且该团队成员将领导实验室的具体工作。管理团队的规模和成员各自的职责范围，将取决于实验室的大小，但通常会涉及不同学科（例如病理学、细菌学、病毒学），以及人力资源、金融、采购、工程、信息技术和通信等方面。高级管理团队中至少有一名成员担任副主任，配合并支持主任的工作，并在主任缺席时履行主任的职责。

3. 基础设施

实验室设施高度专业化，在建筑、服务和操作环境方面有特殊的要求。WOAH 强烈建议兽医实验室设置在专门建造的单元中，并根据科学人员、建筑师、环境专家、安全顾问和设计团队其他人员的大量专业意见建设。实验室的结构和功能必须符合所有相关的国家法规和国际标准，如生物隔离、生物安全和环境影响，还必须考虑到实验室所在地的问题，如发生极端情况（高温或低温、地震、飓风、洪水）的可能性，以及水和电力供应的可靠性。

4. 人力资源

WOAH 认为，兽医实验室应有明确、透明的人力资源政策，以公平地对待所有人。应制定适当的程序来确定薪酬、绩效管理、评估和晋升。人力资源政策应包括培训和再培训方案，以确保所有工作人员都能充分发挥其潜力。

5. 承诺

（1）健康和安全

兽医实验室属于一种危害性环境，在处理危险病原、危险化学物质、物理危险（电离辐射、火灾、高压蒸汽、低温容器）和动物（咬、踢工作人员及其他创伤）时存在风险。WOAH 要求兽医实验室健康和安全必须遵守国家法律规定，并以透明的文件化方式管理。实验室必须有适当的政策和程序来评估对工作人员（和访客）的所有风险，并将上述风险降低到可接受的水平。需要认真考虑对健康和安全专业人员的任命，并且关联到适当的健康和安全预算。

WOAH 要求兽医实验室成立由工作人员和实验室管理人员代表组成的健康和安全委员会，而实验室管理人员必须完全熟悉对健康和安全委员会代表的任命、健康和安全事故的处理和报告程序、健康和安全培训要求等程序，以及满足上述要求的最低实验室基础设施和程序。

（2）生物安全

兽医实验室必须遵守 WOAH《陆生动物诊断试验与疫苗手册》第 1.1.4 章《生物安全：兽医实验室和动物设施中的生物风险管理标准》和《实验室生物安全手册（WHO，2006）》中的相关标准，并遵守所在国家标准和法规。实验室应检查其工作程序，以确定可能出现的生物安全风险因素，以及如何管理好这些因素。实验室操作手册应包含所有活动的标准操作程序（SOP），并强调生物安全控制。

实验室生物安全管理部门应该明确认识到生物恐怖主义威胁的潜在性，包括内部威胁（如由一名实验室工作人员造成的生物恐怖主义威胁）。实验室应制定管理生物恐怖主义威胁的程序，并且每年进行一次工作人员威胁评估。此外，还必须采取适当的措施，以控制来访的科学家接触此类病原。

（3）动物福利

兽医实验室必须确保其活动符合动物福利的标准，同样必须充分了解有关动物使用伦理方面的国家立法，并制定操作程序。

（4）基因操作

目前许多实验室在其活动中使用修饰的基因或基因产物，必须确保遵守关于基因使用的国家法规，包括在实验室建立体系以监测和确保遵守相关法规。

（5）环境

实验室废弃物可能会引起对环境污染的担忧，需要特别关注动物尸体和其他生物材料的处置造成的环境损害风险。WOAH 建议实验室应尽力通过 ISO 14001：2004 环境管理体系认证。

（二）科学服务

1. 诊断服务的提供

对实验室设备的日常监测、校准和维护是提供诊断服务的关键环节。基于未维护和未校准的设备获得的检测结果是无法保证其准确性的，因此应将实验室资源优先分配到该方面。国家兽医管理部门须明确实验室需要提供的诊断服务的目的，需要支持的检测方法和检测技术。WOAH 认为实验室应为突发疫病检测提供实验室服务，并应确定处理样品的最大能力以及扩大检测能力的计划。

所有成员都应通过提交样品、分离的病原和其他具有潜在区域或国际意义的信息支持 WOAH 参考中心的工作，从而保证参考中心代表国际社会履行 WOAH 的规定职责。为了国际公共利益，WOAH 建议在特定领域具有优势的国家兽医实验室应寻求获得 WOAH、FAO、WHO 等国际机构的承认，成为 WOAH 参考实验室或合作中心。

除了满足兽医管理部门的需要，实验室可以为成员或国际各方签订合同开展检测工作，为私人兽医、兽医组织或畜牧业提供诊断和监测工作，可进行食品或环境样本检测，对兽药制品进行监管检测，也可同私营部门签订合同开展检测。WOAH 要求实验室主任和管理团队应确保实验室检测资源分配平衡，应明确实验室在处理突发疫情等意外事件时的优先事项。

2. 质量保证

兽医实验室须按照 WOAH《陆生动物诊断试验与疫苗手册》第 1. 1. 5 章《兽医检测实验室的质量管理》规定的质量保证体系进行管理，并应通过《检测和校准实验室能力的通用要求》（ISO 17025）认可。实验室应确保其所有程序都是稳健、可靠和可重复的，需要对使用的诊断方法进行确认。

3. 研究工作

实验室可能从事研究工作，如开发或采用新的检测方法，或对在特定国家重要的感染致病机制或流行病学开展研究工作。WOAH 认为实验室必须有效地管理研究工作和提供诊断服务之间的平衡，以及对资源（包括工作人员时间）的潜在竞争。

（三）支持性服务

1. 内部管理

实验室管理人员应同意并记录其所有运营活动的政策，同时应以明确程序的形式记录执行政策的过程，并传达给参与相关活动的所有工作人员。应在程序文件中明确指定工作人员监督、执行政策和程序的职责，并告知实验室所有工作人员。

2. 信息管理

现代实验室更多的依赖计算机系统进行数据管理，包括实验室信息管理系统（LIMS）；用于控制单个实验室设备的定制系统；供分子生物学、信息学、流行病学、风险分析和统计学等使用的复杂分析系统；文字处理、财务、人力资源和书目数据库的办公室支持系统；内部和外部通信系统。WOAH 要求兽医实验室计算机系统必须由专业人员管理，并在确定所需要的服务内容时可以咨询实验室科学工作人员。实验室须采取措施，保护数据的完整性、存档和检索，以及对个人或敏感项目的信息进行保护。

3. 财政

财政预算是实验室年度业务计划不可分割的组成部分。WOAH 要求实验室主任应负责在预算范围内交付实验室的工作方案，而项目或活动的负责人应确定委托交付目标和财务目标。实验室主任在财政领域应由一个或多个金融专业人员提供支持；对于较大的实验室，高级财务官应是管理团队的成员。

成本控制是实验室管理的一个重要组成部分。实验室管理人员应确定所有成本及其分配的活动领域，以便能够确定提供特定服务的总成本。兽医管理部门或其他实验室客户必须认识到运营实验室费用的复杂性。实验室应对提供的诊断服务制定透明的定价政策。设备、实验室用品和服务的采购是实验室财务管理的一个重要方面。实验室的科学人员应明确其要求的试剂供应、设备和外部服务的详细要求。实验室应制定明确的规则，以防止供应商对采购人员施加压力或进行贿赂。

4. 工程和维护

现代化兽医实验室需要充分的工程维护和支持。实验室可将维护需求外包，但在许多情况下，内部能力可以更好地满足实验室需求。大多数实验室都有现场特定的需求/要求，需要能满足现场合理的工程和贸易技能，以及需要熟悉实际需求和问题的员工。WOAH 要求实验室管理人员应定期审查如何更好地为实验室提供上述支持服务。

5. 沟通

良好的沟通能够带来实验室决策和运营的透明度。沟通包括实验室内部的交流，从而确保所有工作人员都了解目前的优先事项，以及这些优先事项对个人工作的影响、对实验室更广泛的活动的影响和他们的努力如何对整体作出贡献。WOAH 要求实验室高级管理人员须有一个与整个实验室工作人员沟通的系统，而且沟通过程须真正双向工作，努力了解其工作人员的关切和愿望。

在外部，实验室主任和管理团队必须是实验室的有效倡导者，并代表实验室与兽医管理部门和其他政府官员、来自国内外其他机构的科学家，或与包括媒体在内的更广泛的公众举行会议。因此，应对实验室主任和高级管理人员进行培训，以便与媒体进行互动。当与实验室利益相关方的有效沟通至关重要时，上述培训应作为一项主要的优先事项，特别是在突发疫情期间。

兽医实验室的主要产品是从其分析和研究活动中产生的科学结果和解释。这些信息必须以清晰和有意义的方式传达给客户或最终用户。WOAH 认为，无论实验室检测结果是否仍待进一步确定，以及无论客户是否提出疑问或澄清，或要求进一步检测，实验室报告应包括结果不确定度。

实验室应制定公共信息政策和程序，为个人和外部机构提供能够询问实验室内具体活动的机制，应确保实验室的客户随时了解实验室的工作、后续工作以及对未来工作的限制。实验室应鼓励和支持员工参加会议和发表论文，而在科学期刊上稳定地发表高质量的论文对实验室的成功至关重要。

第三节
WOAH 兽医机构效能评估工具

一、WOAH 兽医机构效能评估提出的背景

兽医服务是一项全球性的公益事业，是安全和公平进行动物及动物产品国际、国内贸易的基础。随着世界经济一体化、贸易自由化的深入发展，全球对高品质蛋白的需求不断增长，国际动物及动物产品贸易量随之

激增。由于全球范围内新发和复发动物疫病、人兽共患病仍时有发生，不断扩大的全球化市场对动物疾病传播风险管理及动物源性食品安全质量提出了更高要求。作为实施动物卫生、动物福利措施和标准的政府和非政府组织，兽医机构在保障动物卫生安全、公共卫生安全、动物源性食品安全、生态环境安全，促进动物及动物产品区域与国际贸易，以及维护动物福利方面发挥越来越重要的作用。全球兽医事业正面临领域扩大、内容扩增的新形势、新任务、新挑战。

WOAH、FAO、WHO 等国际组织将兽医服务的最终目标提升到“保护人类健康”的高度，呼吁各国政府更加重视和发展兽医事业，并提出“同一个世界，同一个健康”的理念。为践行这一先进理念，WOAH 持续关注其成员的兽医机构的能力建设，并着力促进兽医机构能力的不断提升。1996 年，WOAH 首次在动物卫生法典中提出了兽医机构质量评价标准。为帮助各成员评估兽医机构能力、查找差距、制定发展策略，加快全球兽医事业发展，WOAH 以其国际标准为依据，于 2005 年制定了兽医机构效能（PVS）评估工具，并在全球大力推广 PVS 评估工作。

近年来，人类饮食结构的变化和对高品质蛋白需求的增加，为全球水产养殖业及水生动物、水产品贸易的迅速发展提供了契机，也对各国水生动物卫生服务提出了更高要求。由于部分国家兽医机构的管辖范围未涵盖水生动物卫生安全，WOAH 于 2013 年发布了水生动物机构效能评估工具，指导各成员水生动物卫生机构进行效能评估，以协助其实现在水生动物疫病发现、报告和控制等方面实行适当的立法和良好的管理。

二、WOAH 兽医机构效能评估工具简介

WOAH 兽医机构效能评估工具（WOAH Tool for the Evaluation of Performance of Veterinary Services）是 WOAH 推荐给各成员的一个综合性评价兽医机构管理效能和质量水平的国际标准，同时也是 WOAH 为协调动物及动物源性产品卫生标准的一致性，进一步提高兽医机构法律框架及资源的优化配置，并促使成员遵守 WOAH 标准、指南和建议而建立的一种评估方法。PVS 的评估对象为国家兽医机构，即实施动物卫生、动物福利措施和标准的政府和非政府组织。主要包括受兽医主管部门控制、指导的国家机构、地方机构，以及获兽医主管部门认证、授权的私营兽医服务机构。

多年来，WOAH一直致力于提高各成员兽医立法和兽医机构服务水平，力求通过PVS提升程序建立起一个强大的机制，持续鼓励成员及合作伙伴加强兽医机构建设，让每一个成员都成为全球公共利益体，从而促进改善全球动物卫生、动物福利及公共卫生状况。

PVS提升程序是WOAH于2007年开始启动，以PVS评估工具为基础方法的循环促进程序，可分为指导培训、PVS评估、差距分析与战略计划、定向支持四个阶段。PVS评估是PVS提升程序最重要的组成部分。成员可按照PVS评估工具程序量化兽医机制运行效能的等级状态，确定其兽医机构目前的效能水平，鉴定其现有能力与WOAH国际标准之间的差距和有待改进之处，与利益相关方（包括私营部门在内）共筑愿景，规划资源、确立优先事项，保障开展战略性活动所需的投资，制定切实可行的战略规划与发展计划。此外，WOAH也以定向资助的形式，从“同一健康”合作计划、兽医立法、实验室建设、兽医与兽医辅助人员教育、WOAH联络员培训、公私合作等关键领域为成员提供定向支持。

有效的兽医机构必须拥有以下四大基本要素：

1. 人力、物力和财力资源：以便在保障国家利益的前提下，有效计划、调解和执行涵盖各类必需要素、涉及各层面的兽医领域工作。

2. 技术上的权威性和能力：以便根据科学原则应对当前存在的问题和新发问题，包括动物疫病的准备、预防、检测和控制，以及应对涉及人兽共患病和食品安全的兽医公共卫生风险和改善动物福利。

3. 与非政府利益相关方持续互动：根据利益相关方需求，指派专家，保护和促进国内畜牧业发展。

4. 进入国际市场的能力：通过遵守国际标准，展示兽医体系的完备和透明，从而激发贸易伙伴的信心。

PVS评估工具的架构充分体现了上述四大基本要素，并在基本要素中划分出45项关键能力指标。每项能力指标设为1~5个等级标准，代表不同的能力发展水平，为兽医机构效能评估提供了详尽的指导程序。PVS评估工具第7版中，WOAH对关键能力指标进行了更清晰的分类和定义，并将与抗微生物药物耐药性相关的当代兽医问题、“同一健康”以及减少生物威胁的相关问题明确纳入。

作为WOAH的核心任务与旗舰标准，PVS提升程序被列入每一个5年战略计划，WOAH 依据 PVS 提升程序的结果，响应成员所表达的需求，更新改善后续程序。WOAH 第 6 次战略计划（2016—2020 年）将“确保兽医机构的能力与可持续发展”确立为战略目标之一。在第 7 次战略计划中（2021—2025 年），WOAH 在过去成功经验的基础上，继续在国家战略规划层面推广使用 PVS 提升程序，支持国家层面的兽医机构能力建设，鼓励兽医机构之外的部门参与和跨部门合作，并将 PVS 提升程序数据列为区域和专题分析的依据。

三、WOAH 兽医机构效能评估工具的应用场景及其产生的预期效用

（一）成员间评估

在受官方监管的动物及动物产品国际贸易中，进口方可以要求对出口方兽医机构进行 PVS 评估，出口方也可以主动提供其自身 PVS 评估的结果。PVS 评估将作为进口风险分析程序的部分内容，评估结果将为风险分析提供重要依据，并对风险分析结论以及依风险分析结论确立的进口兽医卫生条件和要求、进口政策起到决定性作用。同时，PVS 评估也促进了贸易伙伴国家兽医机构之间的互信互认，从根本上保障了动物及动物产品国际贸易的稳定性。

（二）成员自我评估

各成员可依据 PVS 评估工具，对国家兽医机构开展定期的自我评估（包括回顾性评估）。通过开展自我评估，国家兽医主管部门能够进一步深入了解本国兽医机构的实际运行质量和管理效能，并按照 WOAH 法典列明的国际标准要求，查找自身的差距与不足，明确兽医立法，制定针对性的改进目标与计划。同时，国家兽医主管部门可以依据评估结果，从众多兽医机构的关键能力中明确应当优先发展的事项和工作重点，依据优先次序主动展开行动。此外，国家兽医主管部门还可通过评估判断各利益相关方需求，促使各利益相关方与兽医机构达成共同努力的方向。

（三）成员申请 WOAH 专家组评估

各成员可向 WOAH 提出申请，在 WOAH 主持下，由 WOAH 专家协助对其兽医卫生服务进行第三方 PVS 评估。由总干事依据 WOAH 国际代表

大会通过的专家名单推荐专家组前往实施评估。专家组根据现场评估情况编写评估报告并提交总干事，经该成员同意后由 WOAH 公开发表。应用独立、客观的外部程序为国家兽医机构的效能评估提供了全新的视角。可以通过与 WOAH 国际标准的比对，在科学框架的基础上，以透明、公正、协商、廉洁的方式，从旁观者的视角实施评估，查找差距不足、发现优势，为提升兽医服务制订战略计划，优化促进兽医机构的可持续发展。此外，还利用其 PVS 报告倡导与外部伙伴和资助方共同调动资源。在申请国际援助时帮助援助方确定投资项目和具体要求，有助于确定投入的成本和收益，也有利于被援助方获得经费和技术支持。目前，世界银行等国际组织及发达国家已将 PVS 评估作为向兽医机构提供援助或资助的前置条件。

四、WOAH 兽医机构效能评估程序

（一）成员之间的评估程序

根据 WOAH 法典规定，成员有权向实际或潜在商品进出口国/地区提出 PVS 评估要求。当成员希望评估另一成员的兽医机构时，应以书面形式通知对方，说明评估目的和所需具体信息。收到正式请求后，双方应就评估程序和标准达成双边协议，受评方应尽快按要求提供准确、有效的信息。评估方应在接收到相关资料的 4 个月内，将评估结果以书面形式反馈给接受评估的成员。评估报告应详细说明评估要点以及影响贸易前景的结论。如果双方就评估过程或结论发生争议，应参考 WOAH 非正式争端调解程序来解决分歧。

（二）WOAH 专家组评估程序

申请与实施程序包括：成员代表向 WOAH 提出官方申请；WOAH 据此提出时间和专家组名单，包括一位组长、一或两位专家，可能的话加入一或两位观察员；申请方接受提议；专家组进行评估，并通过与该成员代表交流确认完成分析任务，起草评估报告，征求该成员对报告的意见，完成最终报告。该报告呈交 WOAH 总干事，经相关成员同意后由 WOAH 公布。

完成 PVS 评估一般约需要 14 天。从考察范围看，需要考察被评估方各级兽医主管部门、实验室、研究机构、教育机构、有关公共和私营机构

及养殖场等；与政府官员、公共和私人兽医、相关行业协会家畜生产者、贸易者、消费者及利益相关者讨论相关事宜。

评估程序主要包括：一是召开启动会议。专家组、被评估方 WOAH 代表、国家兽医局局长及有关部门参加。启动会议主要任务是专家组和被评估方共同确定考察地点和考察日程。二是评估过程。专家组要完成实地考察、走访、座谈交流、听取汇报、调阅文件档案等工作。实地调查地点应考虑选择不同地理环境、不同发展水平的地区，选择能够反映被评估方兽医机构真实水平的地点。在实地考察基础上，编写初步的评估报告。三是召开总结会议。宣布初步评估结论，提出下一步改进建议。专家组在征求被评估方对报告的意见后，完成 PVS 评估报告，并在报告中给出各项工作的优先次序，帮助制定动物卫生工作发展规划。

五、WOAH 兽医机构效能评估工具的主要内容

PVS 评估工具的主要内容包括：人力物力财力资源、技术权威性及能力、利益相关方互动关系、市场准入四大基本要素。

（一）人力物力财力资源

重点评估兽医机构的管理体制、运行机制以及获得人力财力物力资源的能力。共设兽医机构专业人员和技术人员编制、兽医师及兽医辅助人员专业能力、继续教育、技术独立性、组织架构的稳定和政策的连续性、兽医机构协调能力、物力资源和重大资本投入、日常工作经费、应急资金等 12 项关键能力评价指标。要求兽医机构具有稳定的组织架构和保持政策连贯性的能力；在拟定技术决策时，不受商业利益和政治因素的影响，可自主履行职责；具有通畅的内部协调和外部协调能力，既能够利用明确高效的指挥链，协调从中央到基层的资源和工作，在管辖范围内顺利实施动物卫生、食品安全、兽医公共卫生等领域的行动，又具备与兽医领域内负有职责的其他政府机构间协调各级资源和工作的能力；具有场所、交通、通信等必备的物资配置；具有获取维持其独立、有效运行的财政资源的能力，以及应对突发事件或紧急情况调拨资金的能力；配备适当的兽医、兽医辅助人员及其他人员，这些人员具备专业能力和技术资质，并可通过兽医机构的继续教育培训不断提升素质、掌握最新知识与信息，使兽医机构有成效地发挥兽医职责和技术职能。

（二）技术权威性及能力

重点评估兽医机构开展实验室诊断、监测、风险分析、早期预警、应急反应、动物福利等动物疫病防控和动物源性食品安全相关业务的能力。共设兽医实验室诊断、风险分析和流行病学分析、边境隔离检疫与安全防范、流行病学监测及早期发现、突发事件应急反应、疫病防控与根除、动物产品食品安全、兽药与生物制品、抗微生物药物耐药性和抗微生物药物使用、残留检测、监测和管理、动物饲料安全、标识、溯源和移动控制及动物福利等18项关键能力评价指标。要求兽医机构具备可为兽医服务提供持续、安全、高效服务的国家实验室体系和精准的实验室诊断能力，实验室可通过使用正式的质量保证体系或参与相关能力测试保障检测服务质量；强调兽医机构要结合流行病学分析，在风险评估基础上建立风险管理和风险交流措施；重点考核兽医机构预防疫病及其他可能危害的能力，确定、核实、报告动物卫生状况的能力，应对突发事件的能力，防控或根除国家重大疫病的能力，确保国内及出口动物源性食品安全的能力，保障兽药和生物制品质量安全和慎重使用的能力，动物饲料安全管控的能力，对动物及动物产品进行识别和全链条追溯的能力以及动物福利标准确立与执行的能力。

（三）利益相关方互动关系

重点评估兽医机构与利益相关方合作、采取共同行动的能力。共设沟通、与利益相关方协商、官方代表与国际合作、认可/授权/委任、兽医法规机构、生产者和其他利益相关方参与合作计划、兽医临床服务7项关键能力评价指标。强调兽医机构应就其政策、计划以及动物卫生和食品安全的发展状况与利益相关方（养殖户、养殖企业、协会等）建立有效的协商机制，以透明、及时、有效的方式向利益相关方及时通报其采取的行动和计划以及动物卫生、动物福利与兽医公共卫生发展状况，与生产者和利益相关方确立动物卫生、兽医公共卫生、食品安全和/或动物福利的联合计划；私营机构或非政府组织以兽医机构名义执行官方任务，需要签订正式协议经官方兽医部门认证或授权；兽医机构应定期参与WOAH、WHO、FAO、CAC、区域经济组织等区域和国际组织的相关会议并开展相关工作；应具备负责规范兽医师和兽医辅助人员的兽医法规机构，并对其专业与执行能力开展持续监督；应具备可满足养殖户、养殖企业需求的兽医临床服务。

（四）市场准入

重点评估兽医机构促进、保证动物及动物产品贸易的能力。共设法律法规制定、法律法规实施及利益相关方执行力、与国际标准接轨、国际认证、等效性和其他类型卫生协议、透明度、区域划分和生物安全隔离区划 8 项关键能力指标。

要求兽医机构应具有参与制定本领域内国家法律法规的权力，并可通过交流、落实、检查等措施保障兽医立法在兽医领域被遵守与执行；在制定法律法规时，应充分参考国际标准，并对相关法律法规进行定期评估和更新；应依据国家法律法规、国际标准及进口国（地区）要求对动物、动物产品、兽医服务等实施认证计划；应与利益相关方积极合作，就动物、动物产品、兽医服务等与贸易伙伴达成等效性协议；应向利益相关方定期通报其卫生状况并评估通报程序；依据 WOAH 标准建立和维持无规定动物疫病区和生物安全隔离区。

六、WOAH 兽医机构效能评估的使用现状

PVS 评估的参与方式分为主动参与和被动参与两种。主动参与是指被评估方自己启动 PVS 评估；被动参与是指其他成员申请启动对被评估方的 PVS 评估。

在被动参与评估的状态下，兽医机构效能评估结果有助于提高兽医公共部门服务意识，改进公共部门和其他利益相关方对兽医机构基本要素和重要权责的重视（特别是国家决策和资源配置部门的重视）程度，使兽医机构的“短板”能够得到资源配置而逐级提升，从而提高兽医机构的整体效能。

主动申请 PVS 评估是 WOAH 认为最理想的状态，这种方式需要公共部门和私营部门长期有效地协调合作。公共部门和私营部门要对评估结果进行差距分析，明确优先事项，规划战略行动，编制预算并能够获得充足的经费。公共部门的领导层是 PVS 成功评估的根本和关键因素。

用于兽医机构效能评估，PVS 工具设立的指标体系无疑是科学、合理、全面、实用的，所以得到 WOAH 成员的广泛支持和适用。根据评估结

果推断被评估方动物卫生水平的做法，也得到相关国际组织和绝大多数国家的认同。因此，国际社会普遍采用 PVS 评估标准对本国兽医机构进行评估已经成为一种趋势，并仍在持续扩展之中。

WOAH 官方数据显示，在与国际各资助方的密切合作下，PVS 评估专家团队的派出数量正在逐步增加。截至 2022 年 3 月 28 日，已有 142 个成员提出评估申请，其中 137 个成员已完成 PVS 评估。亚太地区共有 28 个国家（地区）提出 PVS 评估申请。

在过去十几年间，这些参与 PVS 提升程序的国家（地区），以 PVS 评估结果为依据，不断通过 PVS 提升程序改善兽医机构管理架构，合理配置官方和资助方资源，协调各方合作伙伴关系。同时，逐步提升了其在动物和兽医公共卫生监测、疾病控制、应急响应、边境控制、食品安全、实验室、教育培训、兽医立法以及动物福利等各方面的管理和效能。

七、WOAH 兽医机构效能提升程序的特点

（一）全球一致的系统方法

WOAH 的 PVS 提升程序是一项全球计划，是 WOAH 为持续改善成员兽医服务效能而建立的旗舰性标准平台。PVS 提升程序基于 WOAH 兽医机构质量标准，是在系统的国际标准的理想平台上建立起来的一种用于评估、规划国家兽医服务的框架与工具。兽医机构在预防和控制动物疫病跨境传播方面所发挥的基础性作用赋予了其全球性的公共利益属性，因此，所有国家兽医机构以符合 WOAH 标准的方式开展工作是至关重要的。实施 PVS 提升程序可确保各国以国际标准化方法确立高质量兽医服务基准。在全球层面上，促进兽医服务的持续改进。

（二）自主性的国家驱动程序

PVS 提升程序是一个自愿的、国家驱动的程序，主要关注一个国家兽医机构的内部系统和资源，以优化促进其可持续发展。PVS 提升程序应用独立的外部程序，为国家工作人员提供了全新的视角，通过评估兽医机构效能揭示不足、发现机遇，以一种全新的旁观者的角度、更加透明、公正的方式，让兽医机构全面了解自身的优缺点。参与过程和报告使用完全取决于参评国家。这主要反映在，参与评估的国家需要官方提出需求，并且

最终的评估报告在未经该国允许的情况下都是保密的。此外，参评国家还可发挥主体作用，根据自身需求确定优先改进事项。在资源有限条件下，这是尤其重要的，可为各方提供遵循兽医机构质量国际标准调整投入的机会。

（三）立足长远的战略焦点

PVS 提升程序以 PVS 工具关键能力指标作为 PVS 差距分析的目标，数年后，再通过 PVS 评估跟踪任务以相同的评估方法进行监测和评价，形成持续改进的 PVS 提升程序循环。PVS 提升程序具备长期的战略侧重点（5~10 年），鼓励各方以更可持续和长远的眼光规划年度预算或短期的阶段性决策。通过评价和监测机制，不仅提供了规划未来的机会，还提供了不断回顾成功经验构建未来的机会。

（四）共享合作的促进过程

PVS 提升程序的成果（PVS 报告等）为各方提供了明确的指导建议，国家兽医机构可依此确立优先事项，调配资源，加强对重点领域的投资，依据 WOAH 兽医机构质量标准加强国家动物卫生体系的建设，逐步增强国际影响力。除增加国家资源投入外，还可倡导外部合作伙伴与资助方共同调动资源。PVS 提升程序可以非常有效地将官方机构与投资方紧密联系在一起。积极的投资方会以两种方式参与投资：一是为 PVS 评估专家组提供资金，作为初始投资；二是在官方明确同意的情况下，支持国家响应 PVS 提升程序报告的指导建议，参与兽医机构发展规划的设计与实施。

八、WOAH 兽医机构效能提升程序定向支持计划

PVS 提升程序是一个周期循环促进的过程，为国家兽医机构的持续改进提供了强有力的机制。继 2017 年 PVS 智库论坛之后，经与众多利益相关方磋商，WOAH 进一步加强了 PVS 提升程序的监控和评估系统，并确保各方的持续参与。依据过去十几年来开展 PVS 评估与 PVS 差距分析的成果，WOAH 逐步在全球层面确立了优先发展事项，并为此制订了一套针对 PVS 提升程序的定向支持计划，作为已参与 PVS 提升程序成员的进一步选择。这些定向支持计划包括：

（一）“同一健康” 合作计划（WHO IHR/ WOAH PVS 联合研讨会）

WHO 和 WOAH 已结成伙伴关系，开展互动交流研讨会，目的是在国

家层面实行真正可行的“同一个健康”战略。在人类卫生部门和动物卫生部门的平等参与下，这些研讨会使各成员能够共同制定改善部门间协作的路线图，从而加强应对主要卫生安全风险的能力，这些卫生安全风险中的大多数是人兽共患风险。

（二）PVS 提升程序兽医立法支持计划（VLSP）

制订 PVS 提升程序兽医立法支持计划（VLSP）是为了使各成员有机会让 VLSP 专家系统地审查其在兽医领域的立法，查明该立法的差距和弱点，加强其在法律起草和制定新立法方面的能力。

（三）兽医与兽医辅助人员教育计划

为支持兽医教育，确保短期培训人员拥有必要的专业能力，WOAH 为成员制定了以下文件：WOAH 短期培训兽医专业能力建议（短期培训毕业人员）和 WOAH 兽医教育核心课程指南。同时，WOAH 制定了《WOAH 兽医辅助人员能力指南》和《WOAH 辅助兽医专业人员课程指南》，为兽医辅助人员核心课程提供框架，支持辅助兽医专业人员的能力提升。

（四）兽医法规机构（VSB）支持计划

强大的兽医机构应拥有可规范兽医和兽医辅助人员培训、资质和业绩方面的兽医法规机构。为此，WOAH 制订了 VSB 结对计划，使那些期待建立或加强 VSB 的成员能够得到另一个成员的指导。目前，该计划正处于方法更新中。

（五）WOAH 联络员培训计划

WOAH 力求通过开展对联络员的培训促进发展专业人员。这些联络员会代表相关的专业领域出席 WOAH 国际代表大会，共同参与标准的制定。自 2014 年起，WOAH 开始面向联络员开展常规培训。为确保开展的培训符合预期目标及成员需求，WOAH 正加快推行培训系统的现代化变革。

（六）公私伙伴关系计划（PPPs）

WOAH 正在为其成员提供支持，共同探索、规划和实施兽医机构公私伙伴关系计划（PPPs）。计划建立的基础是 WOAH 经深入协商制定的准则——《兽医领域公私伙伴关系指南》（WOAH PPP 手册）。

2017 年是 PVS 提升程序建立 10 周年，WOAH 在众多利益相关方的共同参与下召开了 PVS 提升程序智库论坛，总结经验教训，为未来指明方向。论坛确认了 PVS 提升程序和已有活动的相关性，并为确保成员的持续参与，对程序进行了要素更新。新的 PVS 提升程序进一步增强对各成员兽医机构的积极影响。

九、WOAH 兽医机构效能评估工具在我国被借鉴应用的情况

我国尚未向 WOAH 提出 PVS 评估申请，但 PVS 评估工具作为促进国家兽医机构质量水平和运行效能提升的国际化标准，为我国健全完善国家兽医体系提供了重要借鉴。我国是全球动物及动物产品贸易大国，国内养殖及加工生产量体量巨大，种类纷繁复杂。与其他国家（地区）相比，对国际标准化的兽医体系和有着更加紧迫的需求。PVS 评估工具四大要素的关键能力指标涵盖了兽医体系的管理体制、运行机制、机构队伍、经费保障、法律法规及技术能力等方面内容，为我国自我量化评估国家兽医体系运行效能的等级状态、明确当前效能水平、鉴定现有能力与国际标准间的差距，提供了系统、科学的全球一致标准框架，成为确立高质量兽医服务基准，加强兽医机构自身能力建设，推进兽医管理体制改革的强有力抓手。同时，也为明确我国兽医服务优先事项，编制预算对兽医领域进行针对性充分投资，以及部署长期战略规划与行动计划提供了科学依据，为我国兽医事业的长足发展提供了明确指引。

早在 2012 年，我国农业主管部门便开始积极参与 WOAH PVS 评估标准评议工作，在逐步增强我国在该领域的话语权的同时，学习掌握 PVS 评估标准要求和评估技术，并借鉴 PVS 评估工具的标准理念、相关国家的 PVS 评估报告，打破原有“上级检查、同级评优”的评估方式，结合中国实际，创新建立起一套具有中国特色的兽医体系效能评估机制。先后于 2013 年、2014 年启动了北京、辽宁试点评估工作与全国省级兽医体系评估工作，通过制定我国兽医体系效能评估技术框架，建立评估程序和方法指南，培训评估专家队伍，实现了地方兽医体系服务效能水平的进一步提升。全国兽医卫生事业发展规划（2016—2020 年）中，农业主管部门以全面提升兽医体系效能列为核心任务，并参照 PVS 评估工具关键指标设立了整合政府与市场资源，强化人财物综合保障能力，构建起结构完善、分工合理、权责清晰、运转高效的兽医体系，提高兽医工作科学决策能力、技术支撑能力、监督执法能力和服务生产能力的基本原则。

十、WOAH 兽医机构效能评估工具对国门生物安全保障的启示

海关是《中华人民共和国生物安全法》（简称《生物安全法》）的执法主体之一，主要通过国境口岸卫生检疫、进出境动植物检疫和海关监管等途径维护国门生物安全。

当前，由动物疫情引发的生物安全问题已经成为全世界、全人类面临的重大生存和发展威胁，海关进出境动物检疫工作也因此成为实现国门生物安全的第一道防线和屏障，在防范化解重大动物疫病跨境传播风险，保障人民生命健康，保护生物资源和生态环境安全，促进产业发展及服务外交外贸大局等方面发挥了重要作用。

作为国家生物安全领域的基础性、综合性、系统性、统领性法律，《生物安全法》为海关维护国门生物安全提供了重要依据和根本遵循。同时，也对海关进出境动物检疫执法工作提出了完善生物安全国家准入、进境指定口岸等相关制度，建立进出境疫情监测和防控体系，加强病原微生物实验室管理，推动口岸防控能力建设和建立国际合作网络等方面的新要求。

作为国门安全的守护者，海关总署经过多年的探索实践，建立了严格的进出境动物检疫监管体系，通过对进出境动物及动物产品实施检疫准入、检疫审批、境外预检、口岸查验、隔离检疫、抽样检测、检疫处理和产地日常监管的全链条管理，构建起境外、口岸、境内三道检疫防线。然而，面对快速发展的国际贸易和《生物安全法》的精准要求，当前的检疫监管措施还略显不足，尤其是对进境动物及动物产品准入评估方面。目前，海关总署实施的准入评估，信息来源主要为调查问卷反馈和实地考核两种形式，调查和考核内容虽然涵盖了主管组织机构、法律法规、实验室检测能力、口岸检疫和官方签证等情况，但落脚点还停留在对单一或单类产品的风险评估阶段，尚未形成对出口国家（地区）兽医体系实施整体评估的标准框架。无论是调查问卷还是实地考核都会出现理解偏差、答复延迟、依据不充分等情况，从而降低准入评估的质量和效率。

PVS 评估是对兽医机构综合效能的全面、系统、科学、专业、客观的

评估，依据 PVS 评估工具所得的评估结果能够体现出一个国家（地区）的动物卫生保护水平以及动物卫生、兽医公共卫生、动物源性食品安全方面的实际状况。PVS 评估工具四大基本要素中的关键评价指标涵盖了实施进境动物及动物产品风险评估必须关注的出口国（地区）兽医机构的组织架构设置、人员专业能力、执行协调能力、实验室诊断能力、边境检疫与安全防范能力、疫病监测能力、突发事件应急管理能力、国内动物及动物产品的安全管控能力、兽医立法权威性、官方认证规范性等方面，为搭建与国际标准一致的动物及动物产品国际贸易风险评估与准入分析框架提供了最为理想的借鉴，也为在风险评估基础上制定适当的准入政策、管理条例提供了重要科学依据，对健全进境动物及动物产品准入评估标准体系、提升海关口岸监管能力具有极其重要的意义。

第四节 中国参与 WOAH 相关规则制修订及应用情况

作为 WOAH 成员，我国始终本着对全球动物卫生事业高度负责的态度，积极履行成员的责任和义务，致力于同 WOAH 其他成员通力协作，防控动物疫病，及时准确通报动物疫情，主动参与 WOAH 组织的口蹄疫、小反刍兽疫、非洲猪瘟等重大动物疫病全球联合防控行动，不断完善与 WOAH 的合作机制，在制定动物卫生标准、保障动物及动物产品国际贸易安全等方面发挥了积极作用。同时，我国积极建言献策，发出中国声音，提出中国方案，贡献中国智慧，多名专家入选 WOAH 相关委员会或专业委员会委员，28 家实验室获得 WOAH 认可或被认定为 WOAH 协作中心。我国在国际动物卫生领域发挥区域主导作用日趋显著，话语权也逐渐增加，为推动和改善全球和区域动物卫生状况作出了重要贡献。

一、参与 WOAH 活动情况

（一）参加 WOAH 国际代表大会情况

自我国在 WOAH 的合法权利恢复以来，我国连年派员参加 WOAH 国际代表大会，在动物卫生国际标准、重要动物传染病控制措施决议、选举 WOAH 法定机构成员等方面发挥了积极的作用。

动物卫生国际标准修订是 WOAH 国际代表大会的一项重要议题。在组织专家对修订标准评议充分酝酿的基础上，我国及时提交评议意见，很多提案获得 WOAH 采纳，近年来提出的典型案例有以下 3 个。

在第 84 届国际代表大会上提出，WOAH 应强调处理好动物卫生措施与贸易便利化的平衡关系，切勿偏失；应强化专家名单及特别工作组成员入选程序规范化、透明化和代表性；应积极评价参考实验室的准入和退出机制，明确检测试剂盒的认可和推荐规则；进一步明确世界动物卫生栏目下的疫病认可规则和程序，有必要考虑将其他涉及国际贸易的重要动物疫病列入，如非洲猪瘟、牛结节疹等；对于 WOAH 认可某国或某地区域非疫区的一手资料，必要时，应对进口国分享提供，以便进口国更好地开展风险评估；对未列入 WOAH 疫病名录，但是对动物健康有严重威胁的疫病，鼓励各国继续提供疫情信息。

在第 86 届国际代表大会上提出，成员签署一个关于联合防控非洲猪瘟的合作备忘录，以动员各成员加大打击非法交易力度，更好地防控非洲猪瘟的传播和扩散；针对全球人员及物品流动不断增加的现状，建议 WOAH 应尽快关注国际旅客携带物和邮递物带来的动物疫病跨境传播风险，并倡议各成员开展防控合作；针对成员 PVS 标准建设现状，提出既要注重及时完善 PVS 标准建设，也要平衡好 PVS 原则性与灵活性，既要充分尊重各成员的发展水平，等效性地开展工作，也要及时发现和总结成员在 PVS 建设和应用方面的经验，特别是国际贸易中的准入体系评估应用方面的经验。

在第 87 届国际代表大会上，中国倡议的加强亚太区非洲猪瘟联防联控，被确定为第 31 届亚太区委员会新议题；在讨论 WOAH《全球非洲猪瘟防控行动倡议（第 33 号决议）》时，现场及时补充和修改大会决议草案中对我国未来开展工作有较大不利影响的条款，得到了参会成员的积极呼应。

通过 WOAH 标准规则议案评议、提出修订意见和建议，中国有效履行了 WOAH 成员的权利和义务，在世界舞台上维护了中国的合法权益，为在全球范围内更好地进行动物疫病防控提出了中国方案。

（二）开展项目合作情况

2014—2016 年，在 WOAH 的资助下，深圳海关技术中心与美国西部渔业研究中心 WOAH 传染性造血器官坏死病参考实验室合作承担“传染性造血器官坏死病结对项目”。该项目是我国首个在水生动物疫病研究与防控领域的 WOAH 结对项目。合作期间，双方以赠送参考材料、人员交流培训、学术研讨等方式开展了深度的交流合作，通过项目实施，有效实现了双方实验室管理水平、技术能力、人员素质的多元化提升，极大提高了我国水生动物领域实验室科研技术水平。

2014—2018 年，中国检验检疫科学研究院与意大利威尼托动物卫生研究所（IZSVe）联合开展了 WOAH 合作项目“提升中国利用地理信息系统对禽流感及其他新发禽病进行监视、控制和区域化管理的能力”，就地理信息系统在进出境动物检疫监管中的应用进行技术交流与合作研究。项目成果在动物卫生流行病学研究和疫病区域化控制方面具有极高的应用价值，为我国在境外开展口蹄疫免疫无疫区管理提供了技术支撑。

二、履行成员义务情况

（一）履行疫情防控义务，积极提供物资援助

作为 WOAH 成员，我国始终本着对全球动物卫生事业高度负责的态度，及时准确通报动物疫情，主动参与口蹄疫、小反刍兽疫、非洲猪瘟等全球控制行动。同其他成员共同担当起防控动物疫病在世界范围传播的任务。为推动全球动物疫病防控和科学研究的开展，我国积极向 WOAH 贡献重要菌毒种资源。2009 年我国参与全球动物流感专家网络（OFFLU）活动以来，国家禽流感参考实验室及时向 OFFLU 提供了 H7N9 代表毒株，公布了 H7N9、H9N2、H4、H6 等禽流感病毒及 H1N1 流感病毒全基因组序列，为动物流感病毒研究及人类疫苗研发发挥了积极作用。同时，我国每年向 WOAH 提供资金支持，并不断加大支持力度，主要用于支持东南亚—中国口蹄疫控制行动、亚太区域猪病防控项目及 WOAH 标准在中国的转化应

用等。

（二）开展技术交流，提高区域防控水平

为促进成员间的相互学习与交流，促进区域动物疫病防控水平提高，多年来，我国积极争取承办 WOAH 国际会议和技术培训。2013 年以来，已举办的重点活动有：2013 年 3 月，农业部与 WOAH 联合组织在北京召开国家协调联系点研讨会；2014 年 11 月，农业部与 FAO、WOAH 在北京联合举办“亚洲猪病防控项目研讨会”；2014—2020 年，农业农村部与 WOAH 多次联合在中国举办或通过网络举办“亚洲猪病防控技术培训班”，共有来自 WOAH 总部、FAO 驻华代表处、亚太区代表处、东南亚次区域代表处，以及柬埔寨、印度尼西亚、老挝、马来西亚、缅甸、菲律宾、日本、韩国等 30 多个国家或地区的代表参加了会议及培训，培训人次超过 200 人次。与会成员多方开展疫病防控先进技术交流，分享好的经验和做法，研究疫病防控策略，相关活动的举办为区域疫情防控能力的提高发挥了积极作用。2024 年 7 月 30 日至 8 月 2 日，“WOAH 亚洲区域猪病实验室诊断技术培训班”在北京成功举办。来自 WOAH 亚太区代表处、中国、日本、印度尼西亚、老挝、蒙古国、缅甸等 13 个国家和国际组织的代表 30 余人参加了培训。WOAH 总干事埃瑞特对中国积极参与 WOAH 工作，在 WOAH 框架下发挥的重要作用给予了高度肯定，认为中国发挥了养殖大国、兽医大国的引领作用，为推动改善全球和区域动物卫生状况作出了重要贡献。

三、取得成果情况

（一）中国专家逐步走向国际舞台

2012 年，WOAH 第 80 届国际代表大会通过决议，中国驻 WOAH 代表、农业部兽医局局长张仲秋当选亚太区委员会主席，中国农业科学院哈尔滨兽医研究所陈化兰博士当选 WOAH 生物制品标准委员会副主席，中国水产科学研究院黄海水产研究所黄倢博士当选 WOAH 水生动物卫生标准委员会副主席。2018 年，WOAH 第 86 届国际代表大会通过决议，中国动物卫生与流行病学中心首席科学家郑增忍当选 WOAH 动物疾病科学委员会委员，深圳海关食品检验检疫技术中心刘荭研究员当选 WOAH 水生动物卫生

标准委员会委员。2024 年 5 月 26—30 日，WOAH 第 91 届国际代表大会在法国巴黎召开。大会通过决议，我国驻 WOAH 代表、农业农村部畜牧兽医局局长黄保续成功连任 WOAH 亚太区委员会主席。自 2007 年我国恢复在 WOAH 合法权益以来，我国驻 WOAH 代表已连续 5 届当选亚太区委员会主席或副主席，4 名专家担任技术委员会委员。

（二）动物疫病防控成效显著

2010 年 5 月，欧盟发布第 2010/266 号决议，认可我国广州从化无规定马属动物疫病区，决定将该区域列入可向欧盟永久出口马匹的国家和地区名录，为当年举办的第 16 届亚运会马术比赛奠定了良好的基础。该区域于 2013 年通过 WOAH 无规定马属动物疫病区的认可。2014 年，WOAH 第 82 届国际代表大会认可中国获得无牛瘟、无牛肺疫、无非洲马瘟地位，牛海绵状脑病风险可忽略地位。2015 年，WOAH 科学委员会经过严格评审认为中国口蹄疫防控路径设置合理，具有科学性和可行性，认可中国动物疫情报告、区域化管理、应急处置等相关制度，中国口蹄疫控制策略通过 WOAH 认可。2021 年第 88 届国际代表大会经严格技术评审，全票通过维持中国疯牛病风险可忽略状态，中国无牛瘟、无牛肺疫、无非洲马瘟地位。

（三）WOAH 参考实验室建设不断上台阶

WOAH 参考实验室是 WOAH 在动物卫生和兽医公共卫生领域保持科学性、领先性的关键因素，也是 WOAH 制定动物产品国际贸易相关动物卫生标准的技术基础和连接其与各成员技术管理层的桥梁，在国际动物疫病防控、动物产品安全等标准和规则制定方面具有最高的权威性。目前，我国大陆已有 20 家实验室被 WOAH 认可为参考实验室，台湾有 5 家实验室被 WOAH 认可为参考实验室，成为亚太区域 WOAH 参考实验室最多的国家。此外，还有 3 家实验室被认定为 WOAH 协作中心。中国兽医药品监察所成为 FAO/WOAH 牛瘟病毒保藏机构，是亚太地区唯一既能够保藏牛瘟病毒又能够保藏牛瘟疫苗毒的机构（日本只能保藏牛瘟病毒）。我国 WOAH 参考实验室及协作中心名单见表 2-4。

表 2-4　我国 WOAH 参考实验室和协作中心名单

序号	参考实验室/协作中心名称	依托单位
1	流产布鲁氏菌病参考实验室	中国兽医药品监察所
2	羊种布鲁氏菌病参考实验室	中国兽医药品监察所
3	猪种布鲁氏菌病参考实验室	中国兽医药品监察所
4	猪瘟参考实验室	中国兽医药品监察所
5	新城疫参考实验室	中国动物卫生与流行病学中心
6	小反刍兽疫参考实验室	中国动物卫生与流行病学中心
7	非洲猪瘟参考实验室	中国动物卫生与流行病学中心
8	羊泰勒虫病参考实验室	中国农业科学院兰州兽医研究所
9	口蹄疫参考实验室	中国农业科学院兰州兽医研究所
10	囊虫病参考实验室	中国农业科学院兰州兽医研究所
11	马传染性贫血实验室	中国农业科学院哈尔滨兽医研究所
12	鸡传染性法氏囊病	中国农业科学院哈尔滨兽医研究所
13	禽流感实验室	中国农业科学院哈尔滨兽医研究所
14	狂犬病参考实验室	中国农业科学院长春兽医研究所
15	对虾白斑综合征参考实验室	中国水产科学研究院黄海水产研究所
16	传染性皮下与造血组织坏死征实验室	中国水产科学研究院黄海水产研究所
17	猪繁殖与呼吸综合征参考实验室	中国动物疫病预防控制中心
18	猪链球菌病诊断实验室	南京农业大学
19	传染性造血器官坏死病	深圳海关
20	鲤春病毒血征实验室	深圳海关
21	猪瘟参考实验室	动物卫生研究所（中国台湾）
22	对虾白斑综合征参考实验室	台湾成功大学（中国台湾）
23	急性肝胰腺坏死病	台湾成功大学（中国台湾）
24	十足目彩虹病毒病参考实验室	动物卫生研究所（中国台湾）
25	狂犬病参考实验室	动物卫生研究所（中国台湾）
26	亚太区食源性人兽共患寄生虫病协作中心	吉林大学

续表

序号	参考实验室/协作中心名称	依托单位
27	亚太区人兽共患病协作中心	中国农业科学院哈尔滨兽医研究所
28	兽医流行病学与公共卫生协作中心	中国动物卫生与流行病学中心

四、WOAH 相关规则执行情况

我国自 2007 年在 WOAH 的合法权利恢复后，积极履行成员的责任与义务，吸收、采纳 WOAH 的相关规定、要求及标准，不断完善动物检疫法律法规体系，加强动物检疫监管体制的改革，构建科学的进出境动物监管体系，有效维护了国门生物安全，促进了国际贸易便利化。

（一）构建完善的动物检疫法律法规体系

参考 WOAH 关于立法的原则，构建了有中国特色的“内检+外检”相结合的“法+条例+部门规章和双（多）边协议”的动物检疫法律体系。

1. 法

法由全国人民代表大会批准颁布实施，包括《中华人民共和国进出境动植物检疫法》《中华人民共和国动物防疫法》《中华人民共和国生物安全法》等。

《中华人民共和国进出境动植物检疫法》共 8 章 50 条，包括总则、进境检疫、出境检疫、过境检疫、携带和邮寄物检疫、运输工具检疫、法律责任及附则，适用于进出境动物、动物产品的检疫。

《中华人民共和国动物防疫法》共 12 章 113 条，包括总则、动物疫病的预防、动物疫情的报告、通报和公布、动物疫病的控制、动物和动物产品的检疫、病死动物和病害动物产品的无害化处理、动物诊疗、兽医管理、监督管理、保障措施、法律责任和附则，适用于国内的动物防疫及其监督管理活动。

2. 条例

条例由国务院批准颁布实施，如《中华人民共和国进出境动植物检疫法实施条例》《重大动物疫情应急条例》等，是“法”在执行层面的细化和补充。如《中华人民共和国进出境动植物检疫法实施条例》共 10 章 68 条，包括总则、检疫审批、进境检疫、出境检疫、过境检疫、携带和邮寄物检疫、运输工具检疫、检疫监督、法律责任和附则，就进出境动物检疫职权、检疫措施和法律责任作出了进一步明确的规定。

3. 部门规章和双（多）边协议

部门规章和双（多）边协议由主管部门发布或签署。如由海关总署发布的《进出境非食用动物产品检验检疫监督管理办法》《进境水生动物检验检疫监督管理办法》等，由农业农村部发布的《动物防疫条件审查办法》等。此外，中国已与60多个国家或地区签订约500份进出境动物检疫议定书或双边协议。

（二）建立完善的动物检疫监管机制

国内动物检疫实行类似美国的中央+各省的管理体制，农业农村部主管我国国内的动物防疫工作，县级以上地方人民政府农业农村主管部门主管本行政区域的动物防疫工作，分为中央、省、市、县、乡五个层级，其中中央与省级侧重重大动物疫病的监测预警、扑灭与控制计划的制订与组织实施、提供技术支持等，市、县、乡主要承担本地区的动物防疫、检疫、监督和疫情扑灭等工作任务。

进出境动物检疫实行中央垂直管理，分为海关总署、直属海关、隶属海关三个管理层级。海关总署是中国进出境动物检疫主管部门，负责拟订出入境动物及其产品检验检疫的工作制度，承担出入境动植物及其产品的检验检疫、监督管理工作，各直属海关及其隶属海关负责本关区范围内出入境动物及其产品的检验检疫、监督管理等工作的具体实施。海关遵循WOAH的有关规则和标准，由有资质的官方兽医作为进境动物检疫执法主体，以国际认可的实验室标准和技术规范作为监测和检验结论的支撑，对进出境动物及动物产品实施独立、公正、权威的检验检测，保证进出境动物检疫工作的权威性、公正性和可靠性。

农业农村部与海关总署起草出入境动植物检疫法律法规草案，确定和调整禁止入境动植物名录并联合发布，制定和发布动植物及其产品出入境禁令和解禁令；农业农村部负责签署政府间动植物检疫协议、协定，海关总署负责签署与实施政府间动植物检疫协议、协定有关的协议和议定书，以及动植物检疫部门间的协议等。

（三）构建科学的进出境检疫监管体系

参考WOAH规则，围绕风险管理的目标要求，把维护中国适当动物卫生保护水平作为核心，海关总署构建了进出境动物和动物产品境外预检、口岸检疫和入境后检疫监管三道防线。

1. 境外预检

（1）检疫准入与评估制度

首次向中国输出某种动物及其产品和其他检疫物或者向中国提出解除禁止进境物申请的国家或地区，由其官方动物检疫部门向中国海关总署提出书面申请，并提供开展风险分析的必要技术资料。中国海关总署收到申请后，组织专家根据《中华人民共和国进出境动植物检疫法》及其实施条例等中国法律以及 WOAH、IPPC、CAC 的有关规定，遵循以科学为依据，透明、公开、非歧视以及对贸易影响最小等原则，依据或者参考有关国际标准、准则和建议，对拟向中国出口的国家或者地区的动物防疫体系、质量安全管理体系的有效性进行书面评估和/或实地评估，符合向中国出口要求的，与出口国家或地区确定检验检疫要求，签订检验检疫协定，准许该类产品进入中国市场。

（2）境外企业注册制度

拟向中国出口的境外生产加工企业应当符合输出国家或者地区法律法规和标准的相关要求，并达到中国有关法律法规和国家强制性标准的等效要求，经输出国家或者地区主管部门审查合格后向中国海关总署推荐，中国海关总署经面审查合格后，经与输出国家或者地区主管部门协商，派出专家到输出国家或者地区对其监管体系进行评估或者回顾性审查，对申请注册登记的境外生产加工企业进行检查，符合要求的国家或者地区的境外生产加工企业，予以注册登记。

（3）检疫审批制度

检疫审批是依照《中华人民共和国进出境动植物检疫法》及其实施条例的有关规定，按照风险分析的原则，对拟进口的有关动物、动物产品进行审查，最终决定是否批准其进境的过程。主要目的是为了保护中国农林牧渔业的生产安全，降低外来动物疫病、有害生物随进境的动物、动物产品和其他检疫物传入中国的风险。进境动物检疫审批范围主要包括：①活动物及活动物胚胎、精液、受精卵、种蛋及其他动物遗传物质；②高风险的非食用性动物产品、饲料及饲料添加剂；③动物病原体（包括菌种、毒种等）、害虫以及其他有害生物，动物疫情流行国家和地区的有关动物、动物产品和其他检疫物，动物尸体，土壤。

（4）境外预检制度

境外预检是指根据中国法律法规以及双边检疫议定书派出中方官方兽医官赴出口国家或者地区监督动物和动物产品出口前检疫工作。境外预检工作可以“御疫于国门之外”，最大限度地减少抵达中国国境的进口动物携带疫情的风险，防止动物疫病、疫情传入，保护我国畜牧业、渔业生产和生物安全。为保障国门生物安全，深入推进“放管服”改革，进一步优化进境动物检疫监管制度，激发市场主体活力，更好服务对外开放大局，中国海关总署积极推行动进境动物境外预检制度改革，组织专家开展了境外预检制度研究，制定了新的预检模式，调整进境动物批批实地预检为实行“体系评估+信用管理+资质审核+远程预检+实地预检”等相结合的方式，可根据工作需要单独采取其中一种或几种方式组合实施。

2. 口岸检疫制度

（1）指定口岸制度

经过风险分析评估，对敏感、大宗或检疫风险高的进境动物及其产品，限制其在经验收获准的若干口岸范围入境，以有效防范动物传染病、寄生虫病及其他有害生物传入扩散。目前已实施指定口岸制度的动植物及其产品有食用水生动物，对于进境大宗动物，虽然未实行指定口岸制度，但对于口岸也提出了具体而明确的检疫条件要求。

（2）口岸查验制度

口岸查验制度是指动物及其产品到达口岸后，官方派员登机、登轮、登车依法实施现场检疫的一种行政管理程序。进境口岸查验包括现场查验和实验室检测。进境的动物及动物产品，在第一入境口岸完成证书审查，除风险极低、能封闭运输的动物产品外，均在第一入境口岸接受现场检疫。对活动物实施100%临床检疫。对中高风险的动物产品，根据布控指令实施随机布控抽检，抽批率范围为5%～100%。口岸检疫不合格的作扑杀、退回或销毁等无害化处理。对于风险较低的动物产品，口岸查验合格后即可进入国内市场。进境动物检疫时，如检出一类传染病、寄生虫病的动物，连同其同群动物全群退回或者全群扑杀并销毁尸体；检出二类传染病、寄生虫病的动物，退回或者扑杀，同群其他动物在隔离场或者其他指定地点隔离观察。

3. 入境后检疫监管

（1）隔离检疫和后续监管制度

对进境活动物实施隔离检疫，对高风险动物产品实施定点加工。活动物到指定的隔离场进行隔离检疫，大中动物隔离检疫时间为45天，其他动物隔离时间为30天，隔离期间按照我国进境动物检疫监测计划，逐头采样或抽样送实验室对规定的疫病进行检测。对于高风险动物产品，如皮张、羊毛等，须到指定的生产、加工、存放场所进行生产加工，海关对生产、加工、存放过程实施监管。

（2）检疫处理制度

检疫处理是对经检疫不合格的检疫物采取的措施，包括退回、销毁（扑杀）和除害（如消毒、熏蒸）措施。输入动物检出一类传染病时，该群动物全部退回或扑杀并销毁尸体；过境动物则全群不准过境。检出二类传染病时，则将阳性动物退回或扑杀处理。对于动物产品发现的问题，也要根据实际情况，进行相应处理，消除隐患，达到无害化的效果。

（3）国门生物安全监控制度

国门生物安全监控制度符合国际惯例，将进出境动物及产品风险控制在“可接受水平”，有利于外贸经济发展。我国制定了《进出口食用农产品和饲料安全风险监控计划》和《国门生物安全监测方案（动物检疫部分）》。前者构建完善、科学的进出口食用农产品和饲料安全风险监控体系，控制进出口食用农产品和饲料中某些生物、化学物质及其残留的风险，保障进出口食用农产品和饲料的安全，进一步完善我国食品和农产品的安全监管制度；后者旨在加强进出境动物疫病监测，有效防范疫情疫病的传入、传出，提高进出境动物质量安全水平，建立和完善我国进出境动物检验检疫监管体系。

（4）风险预警与快速反应制度

在进出境动植物检疫工作中发现可能危害人体健康和畜牧业安全的重要动物传染病、寄生虫病、有害生物、化学物质残留等风险信息时，根据确定的风险类型和程度，对入境动物及动物产品采取风险预警措施。以致函或通过新闻媒体发出警示通报等方式，向相关国家或地区的检验检疫主管部门、驻华使馆、各直属海关、国内外相关部门、生产经营厂商、社会公众及消费者等通报风险预警信息。对风险已经明确，或经风险评估后确认有风险的出入境货物、物品，可采取快速反应措施。

快速反应措施包括：检验检疫措施、紧急控制措施和警示解除。检验检疫措施包括加强对有风险的出入境货物、物品的检验检疫和监督管理，依法有条件地限制有风险的货物入境及使用，同时加强对有风险货物、物品的国内外生产、加工、存放单位的审核，对不符合条件的，依法取消其检验检疫注册登记资格。紧急控制措施是指当境外发生重大的动植物疫情或有毒有害物质污染事件，并可能传入我国时，应当采取紧急控制措施，发布禁止动植物、动植物产品或其他应检物入境的公告，必要时，报请国务院下令封锁有关口岸。对已入境的相关动植物及其产品，立即跟踪调查，加强监测和监管工作，并视情况采取封存、退回、销毁或无害化处理等措施。当确认入境动物及动物产品传入的风险已消除时，应发布警示解除公告、取消限制。

（四）成效

1. 有效防控国内疫病

根据 WOAH 动物疫病防控相关要求，我国加大对动物疫病的防控力度，无牛瘟、无牛肺疫、无非洲马瘟、疯牛病风险可忽略地位得到了 WOAH 的认可。同时，根据 WOAH 无疫区相关规定、指南，结合我国疫病防控的实际情况，制定了《无非洲猪瘟区标准》《无规定动物疫病小区管理技术规范》《无规定动物疫病区管理技术规范》等，在国内开展了口蹄疫、禽流感、非洲猪瘟无疫区及生物安全隔离区的建设。广东从化马属动物无疫区是我国第一个取得 WOAH、欧盟等国际组织认可的无疫区，不仅圆满保障了广州亚运会马术赛事的顺利举办，还提升了我国在动物卫生界的国际地位。

2. 建立适当动物卫生保护水平

WOAH 发布法定报告动物疫病名录，为各成员提供疫病监测和控制的参考，对国际贸易中的疫病防控及国际贸易规则的制定具有重大意义。为防范动物传染病、寄生虫病的传入，保护我国畜牧业及渔业生产安全、动物源性食品安全和公共卫生安全，我国参考 WOAH 法定报告动物疫病名录，依据《动物防疫法》《中华人民共和国进出境动植物检疫法》等法律法规和国务院办公厅印发的《国家中长期动物疫病防治规划（2012—2020年）》要求等，在对国内外动物疫情形势进行分析研判和风险评估的基础上，发布制定了《中华人民共和国进境动物检疫疫病名录》和《一、二、三类动物疫病病种名录》。

《中华人民共和国进境动物检疫疫病名录》适用于进境动物疫病的检疫，2020 年 1 月 15 日最新发布的名录，疫病总数为 211 种，其中一类病 16 种、二类病 154 种、其他病 41 种。对不同疫病实施分类管理，进境动物检疫时，如检出一类传染病、寄生虫病的动物，连同其同群动物全群退回或者全群扑杀并销毁尸体；检出二类传染病、寄生虫病的动物，退回或者扑杀。一旦境外发生一类动物疫病，海关总署和农业农村部联合发布禁令或通知，禁止具有传播风险的动物及动物产品入境，允许无疫病传播风险或经符合加工要求的动物产品入境。

《一、二、三类动物疫病病种名录》主要适用于国内动物疫病的防控，有 174 种疫病，其中一类病 11 种、二类病 37 种、三类病 126 种。发生一类动物疫病时，所在地县级以上地方人民政府农业农村主管部门应当立即派人到现场，划定疫点、疫区、受威胁区，调查疫源，及时报请本级人民政府对疫区实行封锁。疫区范围涉及两个以上行政区域的，由相关行政区域共同的上一级人民政府对疫区实行封锁，或者由各有关行政区域的上一级人民政府共同对疫区实行封锁。必要时，上级人民政府可以责成下级人民政府对疫区实行封锁；县级以上地方人民政府应当立即组织有关部门和单位采取封锁、隔离、扑杀、销毁、消毒、无害化处理、紧急免疫接种等强制性措施；在封锁期间，禁止染疫、疑似染疫和易感染的动物、动物产品流出疫区，禁止非疫区的易感染动物进入疫区，并根据需要对出入疫区的人员、运输工具及有关物品采取消毒和其他限制性措施。发生二类动物疫病时，所在地县级以上地方人民政府农业农村主管部门应当划定疫点、疫区、受威胁区；县级以上地方人民政府根据需要组织有关部门和单位采取隔离、扑杀、销毁、消毒、无害化处理、紧急免疫接种、限制易感染的动物和动物产品及有关物品出入等措施。

3. 积极促进国际贸易发展

一是努力推动疫病区域化管理模式的应用。实施动物疫病区域化管理既有利于控制或根除动物疾病，又有利于促进动物和动物产品国际贸易。我国制定了境外口蹄疫免疫无疫区建设要求等境外无疫区标准，与蒙古国、缅甸、老挝、吉尔吉斯斯坦等国开展境外无疫区建设合作，蒙古国、老挝的无疫区已通过我国的认可。同时，基于 WOAH 的认可结果和中方的评估结论，南非口蹄疫无疫区、巴西猪瘟和口蹄疫无疫区、博茨瓦纳口蹄疫无疫区、意大利猪水泡病无疫区、澳大利亚蓝舌病无疫区、哈萨克斯坦口蹄疫无疫区等已通过我国的认可，无疫区内的相关动物及产品允许出口到我国。

二是积极探索生物安全隔离区划的应用。为给贸易创造更多机会，WOAH 提出了生物安全隔离区划的概念，但在推进层面还缺乏具体的标准。结合中国国内生物安全隔离区划的建设经验，中国制定了高致病性禽流感生物安全隔离区划建设标准，已与俄罗斯、美国、法国等国家开展了区域化或生物安全隔离区划合作。

三是等同采用 WOAH 标准。对于 WOAH 法典规定的不受疫情影响产品，中国在风险分析的基础上，制定不受疫情影响的产品正面清单，允许无疫病传播风险或经加工符合要求的动物产品入境，如等同采用 WOAH 规定的，剔骨牛肉不受牛结节性皮肤病限制；满足 WOAH 工艺流程处理的皮毛可不受口蹄疫疫情限制等；对中亚五国皮毛进口也采取了特定的管理措施。

第三章

《国际植物保护公约》及其与国门生物安全相关规则

CHAPTER 3

第一节
《国际植物保护公约》概况

一、《国际植物保护公约》概况

（一）《国际植物保护公约》简介

《国际植物保护公约》（IPPC）是目前植物保护领域参加国家最多、影响最大的一个国际公约。IPPC 旨在确保各缔约方采取共同而有效的行动防止植物有害生物的扩散和传入，促进贸易的安全发展。其总部设在罗马，是 FAO 的下属机构，使用的官方语言为联合国的六种工作语言，分别为汉语、英语、法语、俄语、阿拉伯语和西班牙语。

自成立以来，IPPC 建立了 10 个区域植物保护组织（Regional and National Plant Protection Organizations，RPPO），根据成立的时间早晚，依次是：欧洲和地中海植物保护组织（EPPO）、中美洲国际农业卫生组织（OIRSA）、泛非植物检疫理事会（IAPSC）、亚太区域植物保护委员会（APPPC）、加勒比区域农业健康和食品安全局（CAHFSA）、中南美洲植物保护组织（CA）、北美植物保护组织（NAPPO）、南锥体区域植保委员会（COSAVE）、近东植物保护组织（NEPPO）、太平洋植物保护组织（PPPO），基本覆盖了全球农业区域。

（二）IPPC 产生的历史背景

1859 年葡萄根瘤蚜从美洲传入欧洲，导致法国及其毗邻国家的葡萄园和酿酒业遭受了严重的损失。由此，欧洲便有了采取国际统一行动阻止葡萄根瘤蚜从美洲再度传入欧洲和在欧洲扩散蔓延的想法。1881 年 11 月 3 日波恩国际会议，由法国、德国等 5 个国家签订了国际上第一个防止危险性有害生物传播的植物保护协定——《国际葡萄根瘤蚜防治公约》，之后签约国增加到 12 个。1889 年 4 月 15 日，在瑞士伯尔尼会议上对该公约进行了修订，签订了《国际葡萄根瘤蚜防治补充公约》。

1929 年 4 月 16 日，在罗马国际植物保护会议上，46 个与会国中 26 个国家签署了新的《国际植物保护公约》，但只有 12 个国家批准了这一公约，随后爆发了第二次世界大战，公约无法得到切实履行。

1945 年 10 月 24 日联合国正式成立，作为联合国重要机构的 FAO 也应运而生。为致力于各成员之间的植物保护国际合作，1950 年海牙国际会议原则通过了由 FAO 提交的《国际植物保护公约》草案。1951 年 12 月 6 日，FAO 第六届大会根据《联合国粮食及农业组织章程》第十四条规定，批准了《国际植物保护公约》。

1952 年 4 月 3 日，IPPC 由 34 个签署国政府批准立即生效，同时废除和代替了早期缔约方签署的《国际葡萄根瘤蚜防治公约》等公约。

1976 年 FAO 对 IPPC 进行修订，1979 年修改文本被接受，1991 年第一次修订版本正式生效。1996 年，专家组起草了 IPPC 的第二次修订文本。1997 年第二十九届 FAO 大会同意了该文本，1999 年 1 月 1 日第二次修订版本正式发布。

（三）IPPC 缔结的基本情况

2005 年 10 月 20 日，经国务院批准，我国驻 FAO 代表向 FAO 递交了关于加入《国际植物保护公约（1997 年修订）》的加入书，成为 IPPC 的第 141 个缔约方，该公约适用于我国澳门特别行政区，暂不适用于我国香港特别行政区。截至 2024 年，IPPC 共有 185 个缔约方。

（四）IPPC 的组织框架

IPPC 下设植物检疫措施委员会（CPM）、标准委员会（SC）、实施和能力发展委员会（IC）、战略规划小组（SPG）、财政委员会（FC）和 IPPC 秘书处，SC 还设有专家工作组（EWG）和技术专家组（TP）。

植物检疫措施委员会（CPM）：第一届会议于 1993 年举行，于 2005 年的植物检疫措施专家委员会（CEPM）上正式成立。CPM 是 IPPC 的主要理事机构，每年举行一届会议。CPM 促进全面执行 IPPC 的目标，包括审查世界植物保护状况以及控制有害生物在国际上的扩散以及将其引入濒危地区的行动；建立并不断审查制定和采用国际标准的必要制度和程序；采用国际标准。由选举产生的 7 人（每个区域组织 1 名）组成 CPM 的执行机构，它负责向 IPPC 秘书处提供战略发展方向、开展合作、财务和运营管理的意见。

标准委员会（SC）：由从 7 个 FAO 区选出的 25 名成员和观察者（一个或多个）组成，一般在每年 5 月和 11 月举行 2 次会议。它主要负责监督 IPPC 国际标准制定过程，包括组织、起草规范说明和标准。

实施和能力发展委员会（IC）：由 12 名成员以及 1 名区域植物保护组织（RPPO）代表和 1 名 SC 代表组成。它为增强缔约方执行 IPPC 的能力提供技术指导。

战略规划小组（SPG）：是一个非正式工作组，承担代表 CPM 的具体活动，涉及的工作包括对各要素的规划和优先排序。其会议向 IPPC 缔约方和观察员开放。

财政委员会（FC）：成立于 2012 年，其核心职能是确保财务透明度和适当性，并处理将 IPPC 战略框架纳入整个计划和预算过程中的财务问题。

IPPC 秘书处：成立于 1992 年，总部在罗马，主要负责提供技术指南，执行与植物健康相关的项目，组织 CPM 和其他主要委员会会议，协调 IPPC 缔约方的工作以及外部合作计划。

专家工作组（EWG）：主要负责撰写国际标准。专家由缔约方国家政府、国家植物保护组织（NPPO）、区域植物保护组织（RPPO）提名，由 SC 选拔。

技术专家组（TP）：目前有 5 个技术专家组，包括病虫害诊断规程组、术语组、检疫处理组、实蝇组和森林检疫组。

自 1998 年起，我国就参与植物检疫措施委员会临时委员会会议，近年参加 CPM 大会已形成惯例。我国专家也深度参与标准制定和评议等工作，主动发出中国声音，进一步增强了国际话语权和影响力，在 IPPC 组织及国际合作中发挥着重要作用。

二、国际植物检疫措施标准概况及制修订程序

（一）国际植物检疫措施标准概况

国际植物检疫措施标准（International Standards for Phytosanitary Measures，ISPM）是由 IPPC 秘书处组织，并与在 IPPC 范围内运作的区域组织合作制定的国际标准。国际植物检疫措施标准由植物检疫措施委员会通

过，分发给所有成员及区域植物保护组织（RPPO）执行，是各成员进行植物和植物产品国际贸易的指南和标准，也是 FAO 全球植物检疫政策和技术援助计划的组成部分，目的在于使各成员采取协调措施控制有害生物在植物和植物产品全球贸易过程中的传播扩散，是实现 IPPC 目标的主要工具。协调一致的国际植物检疫措施标准促进了贸易便利化，为解决国际贸易争端提供了公平公正的环境，为各成员建立有效的植物检疫体系提供了支持。

1991 年，FAO 会议批准了第一个国际植物检疫措施标准。1992 年，IPPC 秘书处成立后开始了标准的制定工作。截至 2024 年 8 月，已发布的国际植物检疫措施标准有 47 项（见表 3-1），大致可以分为 8 个类别，分别为综合管理类、植物检疫措施类、有害生物风险分析类、有害生物区域化管理类、有害生物管理类、检疫查验类、检疫处理类和具体业务管理类。

表 3-1　已发布的国际植物检疫措施标准（截至 2024 年 8 月）

标准号	标准中文名称	发布时间
ISPM 1	国际贸易中植物保护和植物检疫措施应用的植物检疫原则	2016 年
ISPM 2	有害生物风险分析准则	2019 年
ISPM 3	生物防治物和其他有益生物的输出、运输、输入和释放准则	2017 年
ISPM 4	建立非疫区的要求	2017 年
ISPM 5	植物检疫术语表	2021 年
ISPM 6	监测准则	2019 年
ISPM 7	出口出证体系	2016 年
ISPM 8	某一地区有害生物状况的确定	2021 年
ISPM 9	有害生物根除计划准则	2016 年
ISPM 10	关于建立非疫产地和非疫生产点的要求	2016 年
ISPM 11	检疫性有害生物风险分析，包括环境风险和活体转基因生物分析	2019 年
ISPM 12	植物检疫证书准则	2017 年

续表1

标准号	标准中文名称	发布时间
ISPM 13	违规和紧急措施通知准则	2016年
ISPM 14	采用系统综合措施进行有害生物风险管理	2019年
ISPM 15	国际贸易中木质包装材料管理准则	2019年
ISPM 16	限定的非检疫性有害生物：概念及应用	2016年
ISPM 17	有害生物报告	2017年
ISPM 18	辐照处理作为检疫措施的准则	2019年
ISPM 19	限定性有害生物名录准则	2016年
ISPM 20	输入植物检疫管理系统准则	2019年
ISPM 21	限定的非检疫性有害生物风险分析	2019年
ISPM 22	建立有害生物低密度流行区的要求	2016年
ISPM 23	查验准则	2019年
ISPM 24	植物检疫措施等同性的确定和认可准则	2017年
ISPM 25	过境货物	2016年
ISPM 26	实蝇非疫区的建立	2020年
ISPM 27	限定性有害生物诊断规程（目前有30个附件）	2016年
ISPM 28	限定性有害生物的植物检疫处理（目前有39个附件）	2016年
ISPM 29	非疫区和有害生物低度流行区的认可	2017年
ISPM 30	实蝇（实蝇科）低度流行区的建立	已撤销
ISPM 31	货物抽样方法	2016年
ISPM 32	基于有害生物风险的商品分类	2016年
ISPM 33	国际贸易中的脱毒马铃薯（茄属）微繁材料和微型薯	2019年
ISPM 34	入境后植物检疫站的设计和操作	2016年
ISPM 35	实蝇（实蝇科）有害生物风险管理系统方法	2020年
ISPM 36	种植用植物综合管理措施	2020年
ISPM 37	实蝇（实蝇科）水果寄主地位的判定	2020年
ISPM 38	种子的国际运输	2020年
ISPM 39	木材国际运输	2020年
ISPM 40	种植用植物相关生长介质的国际运输	2020年

续表2

标准号	标准中文名称	发布时间
ISPM 41	使用过的车辆、机械及设备国际运输	2020 年
ISPM 42	使用温度处理作为植物检疫措施的要求	2020 年
ISPM 43	使用熏蒸处理作为植物检疫措施的要求	2020 年
ISPM 44	使用气调处理作为植物检疫措施的要求	2021 年
ISPM 45	授权实体执行植物检疫行动时对国家植物保护组织的要求	2021 年
ISPM 46	特定商品植检措施标准	2022 年
ISPM 47	植物检疫背景下的审计	2022 年

（二）国际植物检疫措施标准制修订程序

国际植物检疫措施标准的制修订周期通常至少为五年，当现存标准需要非原则性的微小修改或添加现存标准的技术性附件等情况出现时，也有比较灵活的快速标准制定程序。国际植物检疫措施标准制定程序及流程如下：

1. 征集标准主题：每两年一次。提交标准主题时，应附有规范说明草案、文献综述等材料。同时，鼓励提交者从其他成员和/或区域获取支持。

2. 调整并通过标准的主题清单：标准委员会对征集到的题目进行整理，交给 SPTA 讨论，SPTA 会考虑优先制定标准的因素，如国际贸易中的紧急需求和可行性等，最后由植物检疫措施委员会确定通过。

3. 编制规范说明（specification）：每项主题由标准委员会委派 1 名主要管理员及 1~2 名助理撰写规范说明草案，交给成员评议，磋商期为 60 天。秘书处收到评议意见后进行汇编、公布，并提交给管理员和标准委员会审议。

4. 标准起草：征集专家组成专家组或委托技术专家组根据规范说明，起草标准草案。标准委员会审查标准草案，并决定下一步措施：批准草案供成员磋商、退回管理员或专家起草小组、或搁置该草案。

5. 标准评议：标准草案发成员评议，磋商期为 90 天。

6. 植物检疫措施委员会会前审查：根据评议意见修订标准草案，并对标准草案的实质性问题进行 160 天的评议，根据评议意见决定下一步措施；

向标准委员会建议该标准草案退回管理员或专家起草小组、进行下一轮成员磋商或搁置该草案。

7. 标准采纳：经标准委员会批准后，标准草案被纳入植物检疫措施委员会会议议程。若持有正式反对意见，应至少在植物检疫措施委员会会议举行前 14 天将正式反对意见及相关材料提交秘书处，标准草案将退回标准委员会。如没有收到正式反对意见，标准委员会直接通过该标准。

8. 标准出版：IPPC 网站公布。

三、《国际植物保护公约》与国门生物安全的关系

IPPC 的宗旨是通过约定各缔约方的行为，从而防止有害生物的扩散和传入，促进贸易的安全。国际植物检疫措施标准作为其实现目的的重要工具，使各成员能够采取共同的协调措施控制有害生物的传播扩散。这种基于科学公正原则的、权威的、准确的技术和规范，在促进国际贸易便利化、维护消费者生命财产安全、保障国门安全、保护国家生态安全等方面发挥了重要作用。

（一）IPPC 制定国际植物检疫措施标准，保证在生物安全方面所起的作用

IPPC 是为了确保各国采取共同而有效的行动，防止植物及植物产品有害生物的扩散和传入，并促进采取防治有害生物的适当措施而制定的公约，是制定所有植物检疫措施标准的基础和框架性要求。国际植物检疫措施标准使各国能够采取共同的协调措施控制有害生物的传播扩散，提升了缔约方管理有害生物风险的能力，降低了有害生物对环境、经济和社会的影响。

因此，遵守 IPPC 要求，严格执行国际植物检疫措施标准的相关规定是维护国门生物安全的一项重要利器。我国已于 2009 年 7 月 1 日起，多举措齐施，在进出境前的源头管控、进出境时的检疫查验和进出境后的后续监管过程中按照国际植物检疫措施标准的相关标准执行，有力地服务外交外贸大局，抵御外来有害生物入侵，保障国门生物安全。

（二）IPPC 向各缔约方提供信息， 并促进各缔约方间的信息交流

IPPC 明确了各缔约方的进出口要求、有害生物的状况和限定性有害生

物的名单等相关信息的交流要求，有效地促进了技术信息、经验和技能的共享，为进出境产品的风险分析提供了有力的支撑。

（三）IPPC 向各缔约方政府和其他组织合作提供技术援助

IPPC 向发展中国家提供技术援助，支撑它们实施 IPPC 和国际植物检疫措施标准的能力。IPPC 与区域植物保护组织合作进行植物检疫能力建设，确定和应对有害生物跨越国境的风险。IPPC 通过缔约方国家植物保护组织（NPPO）与其政府、省级政府以及地方政府开展合作，提高每个缔约方应对植物健康风险的能力，同时提供区域和国际层面可获得的重要经验资源。

第二节
IPPC 与国门生物安全相关的主要规则和要求

IPPC 提出各缔约方应设立官方国家植物保护组织（NPPO），以履行 IPPC 规定的有关职责。《输入植物检疫管理系统准则》（ISPM 20）和《出口出证体系》（ISPM 7）中，明确提出为防止限定性有害生物传入、传出，保护本国农业生产和生态安全，履行国际义务，任何一个国家都应该建立一整套的管理系统，对植物有害生物进行管理。这一管理系统应包括两个部分：制定并建立包含植物检疫法律、法规和相关程序在内的法律体系；设立负责该系统运行的官方主管部门，即国家植物保护组织。本节分两个部分，第一部分主要根据国际规则，介绍国际植物检疫立法规则与要求；第二部分主要介绍我国依据 IPPC 在植物检疫工作中建立的相关制度或采取的措施的主要规则和要求。

一、植物检疫立法规则与要求

植物检疫法规是指为防止检疫性有害生物的传入和/或扩散、或限制的非检疫性有害生物的经济影响的官方规定，包括制定植物检疫验证程序。

2007 年 1 月，FAO 发布了《国家植物检疫立法修订指南》，探讨了国家植物检疫法律框架中一些必需和可取的要素，确定了植物检疫法律的基本框架，明确了各国政府在回顾和制定其现有的植物保护监管框架时应考虑的事项。根据该指南要求，各国在制定新的法律时必须结合本国的需求和基本国情，充分考虑历史、政治、传统、立法、机构、资源等影响因素，以便制修订植物检疫法律时能有效解决进口植物和植物产品等方面的问题。

植物检疫立法的作用很多，最重要的作用是使各国能够保护本国的农业资源和自然环境免受有害生物传入或扩散的影响。同时，植物检疫立法也能协助各国履行在 SPS 协定、IPPC 以及《生物多样性公约》（Convention on Biological Diversity，CBD）等方面的国际义务，以便促进植物和植物产品的国际贸易以及开展植物保护领域的合作与研究。

（一）国家立法时需考虑的要素

每个国家制定新的法律时，都必须考虑自己的历史、政治、传统、立法、机构和资源，以确保制定的法律能反映国家的需求和国情，同时体现与国际法律相一致的国家义务。

1. 立法体系

一个国家制定的植物检疫立法类型首先取决于国家立法体系，该体系能恰当地解释和执行法律。不同的立法体系，如民法、普通法对植物检疫立法的影响不同；有的是成文法，有的是习惯法，对法律执行的效力也存在差异。

2. 政策和优先事项

在每一个国家，起源于国家的、区域的和国际的各种政策、策略和优先事项都会影响国家法律框架的制定。影响植物检疫法规的一个重要政策是整体农业政策；其他相关政策可能涵盖环境、土地利用和贸易方面。良好的治理政策，例如获取信息、决策参与、透明可靠的政府也将影响立法制定。再例如，分权政策和分权法律意味着在植物检疫的新立法框架中，可能会分配一定的管制权力给地方机构，而中央机构保留其他权力。而 IPPC 要求建立一个独立政府机构承担植物检疫的特定核心责任，这在一定程度上可能与国家权力分权政策之间产生矛盾。另外，一些国家随着私有化趋势的扩大，在立法上也将一些植物检疫功能（如检查、实验室服务）交给私人方。在这两种情况下，只要国家植物保护组织（NPPO）能对分权机构起到有效的监督作用，权力下放或授予私人方的功能就与 IPPC 的要求相一致。

其他影响国家植物检疫立法的政策包括全球化和区域化等。加入贸易和社会联盟，例如经济联盟（如欧盟、东盟）会促使国家更新其植物检疫立法以符合这些组织的要求。

此外，在政策领域中，对生物安全的关注程度也对如何制定法律有重要影响。一些对生物安全高度关注的国家选择制定总体生物安全立法，而不仅仅是植物检疫或动物检疫法律。

3. 现有法律制度框架

现有法律框架和适用法律条款的多样性对新立法功能的发挥具有重要影响。第一，作为最高法律的宪法规定了如何在国内分配立法、执法和司法功能以及职责，有的还规定国际义务和国家法律、条例之间不同效力层级，这对如何制定和执行新的法律产生影响。第二，在某些情况下，在新法律中出现的某种特定活动可能直接被现有法律禁止。例如，新立法打算由国家植物保护组织（NPPO）对其服务并收费（以加强检测设备或建立自己的实验室），但现有立法可能要求所有服务费用上缴中央政府，然后由中央政府为植物检疫分配资金。又如，由于国家植物保护组织（NPPO）缺少人力资源，因此希望将检查活动外包给私营部门（第三方交付），而这就与现有法律中禁止将公共权力授权给政府官员以外人员的规定相违背。第三，国家现有立法强调对植物检疫问题进行审核。审核对象不仅包括如国会级别的立法，还包括附属法规，如行政规章和下级政府颁布的法律。审核要求对立法本身进行评估：它是否与 WTO 和 IPPC 的规则一致？是否涵盖了 IPPC 和国际植物检疫措施标准中的所有主题范围？是否有足够多的实施条例来确保实施和执行？如果审核发现当前立法已经足够全面解决当前的问题，那么就只需要做好现有法律的实施和执行。对制度的审核同样具有重要意义。例如，植物检疫可能划分给多个不同的部门承担，为了避免执行时的矛盾，就需要在植物检疫法律中对各部门的职责进行明确界定，尽可能清楚地描述各管理机构之间的权利和责任。有时为达到这一目的，还可能需要修订除植物检疫法律之外的其他法律文书。例如，森林和林产品通常由林业部门管理，在这种情况下，新植物检疫立法就要提供对所有有害生物的控制，以确保植物检疫能延伸到森林植物和种子的进口以及森林中的有害生物监测，同时加强与森林专家的紧密合作。

4. 立法的实施

植物检疫法律框架的全面分析不仅包括对法律系统的评估、相关政策、立法和制度的回顾，评估相关法律和条例实施的实际运行以及效果也很重要。很多情况下，法律的预期目标和法律颁布后产生的实际效果有很大差异。许多法律尽管起草技术非常高超，但在实施过程中仍然会出现各种问题，达不到预期的目的或因为多种原因产生意想不到的副作用。例如，由于缺乏资源或实施细则，或者没有充分关注本国的发展水平和现有资源，或者缺乏司法机制；或者检查人员人手不足，建筑、设备或交通工具等基础设施缺乏，实验室缺乏适当的检测手段，有些政府机构或官员担心新法律会导致现有的权利或利益受损，从而对新法律投入的资源或力量过少，或者产生执法腐败等，这些因素都可能导致植物检疫法律很难得到有效实施或正确实施。避免这种情况发生主要有两种方式：一是法律起草阶段广泛征求利益相关者意见；二是在立法提出阶段，政府提交实施建议和监督具体实施时成立咨询工作组。在法律实施的过程中，还要经常评估实施中存在的问题，如可以提议对植物检疫基本法律进行修订。

（二）国家植物检疫法律框架与内容

制定植物检疫法律的目的是确保政府能够建立或形成国家植物保护组织（NPPO），以便实施和执行植物检疫措施。法律应允许 NPPO 采取行动控制有害生物的传入和/或扩散。

1. 法律框架

植物检疫法律框架的格式由许多因素决定，越来越多的国家对植物检疫立法采取“主法+法规”（包括条例、规定、计划、表格等在内的附属条款）的方式来补充细节和特殊要求。在这种情况下，附属条款不能与主法相冲突，且应以主法的目的和目标为宗旨，不得扩展法律权限。主法中对术语的定义不能与条例中的定义发生歧义，同时主法制定的程序应当作为附属条款制定详细程序的框架，还应尽量确保植物检疫规章或条例在其权限范围内详尽完全。

2. 应包含的内容

植物检疫法律应包含以下几方面内容：引言、前言、范围、定义、行政机构、检查员责任与权力、进口、出口、害虫监测和控制、违法与处罚、杂项（责任、上诉、废除和保留、制定条例的权利）等。

（1）引言

植物检疫法律的引言部分主要介绍法律涵盖的范围以及法律的目的。引言中的规定可能不具有实际效力，而是作为政策说明解释其制定的原因及其使用的目的。例如，法律的目的是为“控制有害生物的传入和扩散”或“促进农产品贸易”等。

在目的或目标部分后面，可以概述法律的范围，也就是该法律涵盖哪些活动和主题。然后，可以列出该法律中使用的主要术语的定义列表。使用这些术语表能体现国际法律框架的原则和概念，保证国家法律和国际标准之间的一致性。

（2）行政机构

植物检疫法律的一项重要任务是确定根据本法实施的权力以及掌握这些权力的公共机构。内容包括：负责植物检疫体系行政管理的机构；检查员队伍和植物检疫检查员的权力和责任；实验室计划；以及如果有，植物保护委员会的建立和运作。

①国家植物保护组织（NPPO）。如前所述，IPPC 要求每个缔约方“以最大能力”建立官方 NPPO。NPPO 通常是指负责农业事务的部门或部门里的某个单位，在某些情况下，它们也可能是独立的非政府机构或类似政府机关。无论最终制度如何决定，都应分别说明农业部门和 NPPO 的职能，以避免在执行法律时存在职能交叉或职能缺位。还可以建立特别委员会，以帮助 NPPO 协调同其他相关公共机构的活动。

除了确定 NPPO 外，植物检疫法律应阐明其实施的范围。每一个 IPPC 缔约方必须向其他所有缔约方提供其内部植物保护组织分工的说明，必须向 IPPC 秘书处报告其组织分工中的任何变动，以便 IPPC 秘书处向其他缔约方通报此类消息。

NPPO 的主要职能在于识别植物有害生长并对它们加以控制。为此，植物检疫法律将授予 NPPO 以下职责：种植植物的监督（包括田间和野外的区域）；储存或运输的植物或植物产品的货物检查；国际运输中货物的消毒和杀虫；受威胁地区的保护；非疫区或低度流行区的认定和维持；在出口前检查后，保护货物的植物检疫安全；签发进口方植物检疫要求相关的证书；培训并发展 NPPO 员工。

NPPO 其他职责包括：宣传关注的限定性有害生物信息，以及对其进行防范采取控制措施；研发有害生物诊断方法，提高调查和分析能力；制定植物检疫法规等。

为坚持透明的原则，信息共享是 NPPO 的另一项重要职责。SPS 协定和 IPPC 要求建立通报植物检疫措施和植物检疫法规变化的渠道。每个缔约方有责任向 IPPC 秘书处报告其官方联系点的名称和位置，以便有效地传递植物检疫的相关信息，其目的在于促进国家之间以及 IPPC 秘书处与各缔约方之间的交流、信息分享以及透明性。

NPPO 关于信息分享方面的责任清单，具体包含：提供其他国家关注的植物检疫措施的依据；通知贸易伙伴不符合进口要求的相关案例；提供国家、区域或国际组织要求的关于现行进出口法规以及关于植物材料技术要求和其他限定物的技术要求的信息；根据国际义务，向其他国家通报植物检疫法规、植物检疫要求和植物检疫措施。

在一些国家，植物检疫法律可授予 NPPO 其他职责。例如，NPPO 可能被授予农药生产和使用领域的职责（包括推广有害生物综合防治）等。

②检查与分析。植物检疫法律应建立和明确的另一个重要行政机构是检查服务部门，并且配有检查队伍负责执行植物检疫法律。植物检疫法律或其附属法规应规定检查员最低教育背景要求，以及具备必要的资格及技能。

在植物检疫法律的实施过程中，政府的责任部门或机构不限于只任用本部门的工作人员，也允许任用其他机关（公共的或私人的，只要没有利益冲突）的工作人员。例如，即使负责农业的部门是依法执行的机构，但如果没有足够的工作人员到偏远的地方执行工作，负责农业的部门就得依靠边境点的海关关员进行工作。植物检疫法律应明确检查员是通过这种方式任命或指派的，依法履行检查职责的官员。

检查员的职责一般包括：在种植、田间、仓储或运输途中的植物或植物产品的检查（目的是报告有害生物的发生、暴发及传播）；对本国进口或出口植物和植物产品的货物检查；对储存和运输设施的检查；货物的消毒（无论是进境还是过境货物）；控制飞机和船舶上的废弃物，加工和洗涤进口植物材料场所的废弃物，确保不会对农业资源或环境造成威胁。

检查员可以代表国家政府机构签发植物检疫证书（代表 NPPO）；实施检查活动并维护该国有害生物最新发生情况信息，并对违反法律条款的可疑情况进行调查并索取相关信息或文件。

植物检疫法律赋予植物检疫检查员某些权利，使得检查员能够有效履行职责。植物检疫法律规定的检查员至少应被赋予以下权利：进入任意经营场址，调查任意经营场所，要求任何人出示法定证明文件；检验、调查并复印法定证明文件，或提取登记记录，并找到相同的登记记录；阻止进入本国或离开本国的所有人、行李、包装、运输工具或任意规定物品，并对此进行检查；阻止分发、销售或使用任意植物、植物产品或任意其他受管制的物品，检验员有证据证明在特定时间内可能携带限定性有害生物；没收、销毁、扣押、处理或以其他方式处理所有植物、植物产品以及其他限定的物品，或者命令其采取此类行动。

由于所赋予的权利可能会影响人身自由权，因此植物检疫法律应明确检查员权利的限制因素。

通常，在检查员履行职责时，检查员有权进入植物生长或植物产品的存储场所，有权根据有害生物风险分析进行检查并作出结论，如果检查员有充分理由怀疑违反植物检疫法律的行为正在发生，即使未经授权检查员也可进入并对任何土地、区域或经营场所进行检查，但大部分司法管辖区及私人住宅除外。

在本国领土范围内，如果检查员怀疑某人或某个交通运输工具携带有害生物，可在未经授权的情况下，对该人或运输工具进行调查。赋予检查员这些权力是非常重要的。

一般情况下，法律将规定检查员在行使权力前必须表明身份，检查员可以要求相关人员出示许可证或其他证明文件，并且可以取样，扣留可能携带或传播植物有害生物的植物、植物产品或其他物品。检查员有权要求感染有害生物的植物或植物产品的货主或进口商，采取措施处理或销毁被感染的植物或植物产品。若检查员认为有必要立即对植物或植物产品采取措施，或在无法发出通知的情况下，检查员可以直接采取行动并采取必要的措施。应出口方的邀请，检查员可在出口方境内进行检查，即预检。

植物检疫法律应规定检查员和受行使检查权影响公民的其他附加职责。例如，植物检疫法律应规定强制受检经营场址的业主、管理者以及工作人员与检查员合作。但同样，有可能存在违法行为时，或需要其他方面协助时，植物检疫法律规定检查员在行使权力时，可以要求社会治安、地方行政部门的协助，包括进入经营场址，或者为了实施紧急措施而对受感染区域实施隔离、设置路障等。

植物检疫法律还应建立官方的鉴定认证实验室和官方分析师制度，以依法进行必要的分析和样品诊断。在许多国家，依赖私人实验室行使部分或全部职能的需求越来越大，因此，植物检疫法律也应允许选择私人实验室。

③顾问或执行机构。大部分现代植物检疫法律建立了咨询以及联合决策机制，例如植物保护委员会或其他咨询机构。委员会的授权可能是纯粹的咨询，也可能包括一些行政授权。由于许多问题的技术复杂性，委员会应从科学专家处获得相关知识，或者成立技术委员会，以便利用各专家的专业知识帮助委员会更好地解决问题。委员会的成员应具备一定的专业技术、专业资格和责任。当委员会成员行为不当或没有能力履行其职责时，可以撤职。

（3）进口

植物检疫法律包括适用于进口植物或植物产品的规定。例如，规定某些特定商品在进口时必须获得 NPPO 或其他主管机构颁发的进口许可证。其他的规定则是可在出口方、运输过程中、入境时或入境后对进口货物实施植物检疫措施；允许进口的植物、植物产品或其他限定物应以有害生物风险分析为基础，基于有害生物风险分析结果或国际标准，而不是出于贸易保护主义；对特定目标的特定物品可以指定口岸入境，入境地点应具备开展植物与植物产品检查以及管理有害生物的必需资源，包括用于保存材料的存储室、用于产品分析的实验室或类似设施、类似运输植物材料的车辆以及对受感染材料进行销毁或消毒的相关设备等；如果进口商要求且货物密封、标识完好，可在最终目的地而非入境地点对植物及植物产品进行检查，进口商不需承担任何额外费用；进口时，检查员可以根据检查及风险分析的结果采取适当处理、退回、没收、扣留或销毁等措施；如果检查到未被出口方列为与商品相关的限定性有害生物，或检查到其他可能产生潜在植物检疫威胁的生物，则需要采取紧急行动。如果进口被感染的植物或植物产品，应说明处理和消毒等所有费用均由进口商承担，此外，还要说明如何计算此类费用。

植物检疫法律中的一个重要条款是允许防止危害当地植物种群的外来植物物种进入，对活体转基因生物（LMO）也是如此。禁止入境措施必须以科学为基础，且不违背 SPS 协定和 IPPC 的理念。禁止进入措施应坚持最小影响的原则。

除进口常规商品货物，还应对乘坐飞机和轮船乘客的携带物进境情况作出规定，外交官的行李以及私人物品也不能例外。

（4）出口

根据 IPPC 规定，政府有责任确保和证明离开其领土的植物和植物产品是安全且符合进口方的进口要求。ISPM 7 确定了植物检疫认证过程的三个基本元素：确定可适用的进口方植物检疫要求；验证将要出口的货物符合要求；颁发植物检疫证书。这些要素应在国家立法中得到反映。

植物检疫法律应明确表示，出口商有义务向 NPPO 申请适当的文件以满足进口方要求。应进口方要求，法人或者自然人必须申请植物检疫证书，以便植物或植物产品能够出口。每个 IPPC 缔约方都有责任检查植物产品，并出具有技术资格并经正式授权的人员签发的证明。一般而言，国家植物检疫立法应包括时间表、其他附件、IPPC 设定的植物检疫证书样本格式等。

要求具有证书的出口货物通常在出境地点接受检查。一旦当局与某出口商建立关系，也可以在植物或植物产品进行包装的营业地点展开检查工作。经检查，如果 NPPO 认为货物不符合进口方的进口要求，就可以命令对货物进行处理以消除风险或者销毁货物，费用由出口商承担。如果 NPPO 认为货物符合出口要求，则颁发植物检疫证书。NPPO 的责任就是在货物离开本国之前，保证其植物检疫安全。植物检疫法律也可以将这种 NPPO 必须执行的责任转给出口商。

对过境中转的货物，如果在本国境内对货物部分进行拆分或者重新包装，这种货物可能需要转口植物检疫证书。只有在确保货物达到进口方要求时，NPPO 才能颁发转口植物检疫证书。货物如果是直接过境中转到目的地，则不需要转口植物检疫证书。

在出口方面建设非疫区、非疫生长点或低度流行区，通过进口方的评估确认后，可以促进出口。

（5）国内监测和控制

预防是一种较出现有害生物或有害生物暴发之后才作出反应更为有效和经济的控制有害生物的方法。预防措施包括禁止种植易感病的植物种类和品种、进行预防性消毒、引进防治植物有害生物有效的动物和植物来加强生物防治、标定观测区、设立防疫线，以及对某些种植作物的许可。

为便于预防，即使在还未确定是否存在疫情的情况下，植物检疫法律应规定政府官员（植物防疫人员、技术指导员、海关关员）和私人个体（农民）有责任对发现某些有害生物进行报告。信息也必须以其他方式传播：检查员和责任当局（NPPO 等部门）必须让公众了解有害生物和疫病方面的信息，并为应对所出现的有害生物提供必要的资源，防止有害生物扩散。

监测是一种有效的预防机制，IPPC 鼓励政府对有害生物定期进行监测。《监测准则》（ISPM 6）对国家的监测责任进行了详细说明，涉及常规监测和专项调查两个方面。国家必须能够随时获取有关有害生物的生物学、分布、宿主范围和潜在影响方面的数据。有害生物记录是用于确定某一区域某种有害生物现状的必要信息，《某一地区有害生物状况的确定》（ISPM 8）对有害生物记录的方法进行了详细说明。

通过监测获得且经过核实的信息可用于确定某一区域、寄主或商品中是否存在、分布或不存在有害生物。为开展风险分析、制定并遵守进口条例、设立并维护有害生物非疫区，所有进出口方都需要有害生物现状方面的信息。因此，根据植物检疫法律的规定，一些人员或部门应负责收集和分析数据，以确定并交流该国及其各个区域有害生物现状。

NPPO 可宣布某一区域被隔离，暂时对公民和法律主体权利的行使进行限制，并可施加其他方面的责任。主管部门有权对隔离区进行限制，以便限制或禁止该区域人员的流动和植物的输送，禁止在该区域进行种植或重新种植以及采取必要的措施，以控制和根除检疫性有害生物。所有这些检疫限制必须具有科学基础，法律同样也应包含隔离区检查和危险降低后隔离区的解除程序。

除检疫性有害生物和限定的非检疫性有害生物外，IPPC 或其他国际文件并不禁止NPPO对非限定的有害生物进行监测或控制，但非限定性有害生物的控制措施只能在国内实施，不能涉及或影响国际贸易。

某些植物病害十分顽固且具有严重的潜在经济影响，对这些病害只能通过根除计划来进行控制，因而植物检疫法律必须授予NPPO有权命令销毁该植物。根除计划的细节通常包含在议事规则、法令或命令中，如有需要可迅速进行发布。某些情况下，即使是健康的植物可能也需要进行销毁，而立法必须规定潜在缓冲区。

某些情况下，预防和监测可能不足以阻止有害生物的暴发。法律规定应确保主管当局能够迅速进行干预（例如对近期出现的可能迅速繁殖的有害生物采取根除措施），从而控制这种突发事件可能对农业生产和环境造成的损害。法律必须规定有关当局在处理潜在植物检疫突发事件时拥有的权力，同时还必须说明构成植物检疫突发事件的原因，或者至少说明哪个部门有权作出此决定并宣布（将触发对植物检疫突发事件应急基金的使用权）。其他条款应解决应急计划的实施问题，例如与国家应急管理组织进行协调。

（6）资金安排

植物检疫立法通常不会为各项服务设定收费金额，而是授权NPPO或部长来设置。收费项目包括：进口许可证和植物检疫证书的签发、检验、处理、在入境地点和在出口时的存储设备或检疫区域中对植物和植物产品进行的其他活动。SPS协定规定，对进口征收程序费用不能有差别对待、无贸易保护主义，且不能高于服务的实际费用。

NPPO的运作经费通常由国家预算进行拨款。法律应规定所有费用应用于实现植物保护的目的，改善NPPO提供服务的质量，以及提高NPPO工作效率和使其结构更合理化、现代化，并由负责财政审计的国家机构进行资金的管理审计。

做好应对紧急危机的资金安排至关重要。植物检疫法律规定可以建立植物检疫应急资金，当NPPO宣布植物检疫危机时可以立即获得资金支持。或者，该法律不需规定具体资金，而是规定可以从综合收入中拨款以应对植物检疫紧急危机。

植物检疫应急资金的使用有两个原则。第一，一旦暴发有害生物，需强制进行全区控制所需费用。第二，应急资金可用于对强制销毁染病或健康植物土地所有者的补偿。植物检疫法律应明确是否允许赔偿以及应如何授权和执行。例如，法律规定，非由农民自身错误引起的损失可获得补偿，农民必须采取规定的并将损失降低到最小的措施时才可获得补偿。

总之，在任何情况下，应急资金应该用于管制对国家农业和其他资源造成巨大损失的有害生物。

(7) 违法与处罚

植物检疫是一项执法行为，法律也必须赋予执法机构对违法行为的处罚权。常见的处罚既包括对违反植物检疫法律规定行为的行政处罚，也包括对构成犯罪行为的处罚。刑罚一般不在植物检疫法律中说明，而是包括在国家刑法中。

违反植物检疫法律的行为不仅仅是针对公众人物，也针对检查人员。对违法行为处罚要取得好的效果，关键在于确保处罚的级别足够高，从而形成威慑力。许多国家植物检疫法律中规定的罚金和处罚较轻，这时可以另外颁发关于处罚的法律，或避免在法律中列出具体罚款数额，而是列出一个范围，同时授予法院在所列出的范围内选择合适的罚款数额，从而保持足够的威慑力。

一旦确定为违法行为，法律应制定执行违法的程序。如果使用行政处罚制度，该法律应确保受到行政处罚的人可以向法院提起诉讼。

(8) 标准法律规定

植物检疫法律通常包括不适用其他条款问题的规定。例如，检查人员或行政人员不需对任何按照本法律尽职执行职责的事情负责；对违法进口的植物或植物产品处理，或政府基于正当理由对植物采取销毁措施而产生的损失也不会产生连带责任。在颁布新的植物检疫法律时，需声明全部废除早期的法律，或者列出被废除的具体条款。

（三）其他要素

1. 农药

在某些国家，一部法律可能同时对植物健康和农药进行监管，主要是因为使用农药是限制某种有害生物扩散的措施之一。虽然两者都与植物和有害生物的控制有关，但植物检疫的目的是防止有害生物的传入或控制有害生物的扩散，而农药管理的目的是减少农药使用引起的健康和环境风险，在功能方面几乎没有交叉。因此，一般情况下，没有必要将植物检疫和农药管理制定在统一的法案中。

2. 外来入侵物种

《有害生物风险分析准则》（ISPM 2）和《检疫性有害生物风险分析，包括环境风险和活体转基因生物分析》（ISMP 11）涵盖了环境风险，包括生物多样性的风险。在进行适当风险性分析后，破坏环境的有害生物应受到植物检疫法律框架的监管。例如，杂草是最常见的外来入侵有害生物，传统意义上，属于 NPPO 的立法监管的一部分。

对环境影响不明确的外来入侵物种可能需要 NPPO 和环保部门进行合作解决，这些外来入侵物种对农作物没有任何经济影响，但对人类和其他动物有影响。因此，各机构之间需要加强对环境的影响评价。为实现这一目的，植物保护委员会可建立由环境专家组成的小组委员会，作为其咨询的一部分。

3. 有益生物

现代植物检疫法律应包括对生物防治物的规定，生物防治物是用于有害生物防治的自然生物。《生物防治物和其他有益生物的输出、运输、输入和释放准则》（ISPM 3）对该自然生物和其他有益生物的出口、装运、进口和释放进行了规定。该标准提到了可以自我复制的生物防治物以及不育昆虫和其他有益生物。

国家应制定相应的与生物防治物和其他有益生物的出口、运输、进口和释放相关的植物检疫措施，并在需要的时候出具进口许可证。法律应规定进口商和出口商有责任向 NPPO 提供进口和出口程序需要的所有文件。有益生物应包含在进口和出口规定中，可以是针对进口或出口的特别规定，也可以是一般规定中的具体章节。

4. 活体转基因生物

由于活体转基因生物是植物或植物产品，因此这些活体转基因生物包含在植物检疫法律基本定义中，NPPO 有权批准或拒绝批准属于生物技术产品的植物或植物种子的进口。关于有害生物风险性分析的 ISPM 11 包括一个关于植物检疫风险的附件，该风险与活体转基因生物相关。

由于活体转基因生物的评估主要针对的是非靶标影响和特征移到其他相关作物的倾向，负责环境事务的机构对活体转基因生物的管制非常关注，因此，可建议环境机构直接参与决策过程，对活体转基因生物进口提供单行条例，进行共同决策。相关机构可以决定由部门联合出具还是由不同部门同时出具进口许可。

植物检疫法律应与其他一切现有法规对活体转基因生物进行风险评估的规定不发生冲突，并避免在决策上的重复执法。

总之，现代植物卫生立法要兼顾国际贸易、农业和环境保护，在保护自然资源和鼓励国际贸易之间找到一个平衡点。此外，在国际贸易中，农业产品贸易量的增长要求各国加强对农产品控制的同时，也要使控制措施更加透明和可靠。好的法律应当依据国际规则，并以充分事实为依据，赋予必要的权力，对个人施加义务，规范政府机构、公共和私人利益之间的合作。

在设计基本框架后，各国需要针对本国所需形成具体的文本，使具体文本适应其个性化要求，并使其新立法满足其国家需求。通过这种方法，各国遵守其国际义务，促进其农业和国际贸易的发展。

（四）植物检疫立法原则与要求在我国的应用

总体上，我国的植物检疫立法基本都遵循了上述国际植物检疫立法原则与要求，并结合了我国的实际国情。例如，我国对农药的管理是与植物检疫完全分开进行的。对有益生物的管理，我国关注的程度则相对薄弱。《国家植物检疫立法修订指南》认为没有必要在植物检疫法律中对外来物种进行明确定义，但是对植物有害生物的管理和外来入侵物种的管理实际上存在较大区别，随着《生物安全法》的实施，对外来物种入侵和物种资源保护将越来越受重视。

二、植物检疫制度、措施的主要规则或要求

植物检疫工作的主要制度或措施包括：禁限名录、风险分析、检疫准入、注册登记、境外预检、检疫审批、检疫申报、指定监管场地、现场查验、隔离检疫、检疫处理、实验室检测、非疫区建设、疫情监测、风险预警与快速反应、应急处置、植物检疫证书、后续监管、分类管理、外来入侵物种管理、转基因生物安全管理和信息管理等。

（一）禁限名录

禁限名录包括禁止进境物名录、限制进境物名录和限定性有害生物名

录等。禁止进境物名录是指禁止进境的植物和植物产品，限制进境物名录是在有限制的条件下允许进境的物品名录，限定性有害生物名录包括检疫性有害生物名录和限定的非检疫性有害生物。各缔约方可要求对检疫性有害生物和限定的非检疫性有害生物采取植物检疫措施。限定性有害生物名录由输入方拟定，名录中的信息包括有害生物学名、有害生物类别和因该有害生物而需限定的商品或其他物品。当增减有害生物、所需信息或补充信息有变化时，名录需要更新。

IPPC 第Ⅶ第 2 款 i 项规定，各缔约方应尽力拟定和增补使用科学名称的限定性有害生物清单，并将这类清单提供给秘书处、它们所属的区域植物保护组织，并应要求提供给其他缔约方。《限定性有害生物名录准则》（ISPM 19）对如何拟定、更新和公开限定性有害生物名录提供了指南，明确输入方应负责拟定限定的有害生物名录，并将这类名录提供给植物检疫措施委员会秘书处及其所属的区域植物保护组织，并应要求提供给其他缔约方。

有害生物名单的确定应按照 ISPM 2、ISPM 11 及《限定的非检疫性有害生物风险分析》（ISPM 21）要求开展风险分析，名单的制定也要适应各国产业结构实际和保护农业生产需要。对于确定的限定性有害生物名单，应当予以公开。

（二）风险分析

风险分析是市场准入的前提，是确定是否对有害生物进行管理，并确定对有害生物所采取的植物检疫措施的力度。有害生物风险分析可以针对某一特定有害生物，或者针对与某一特别途径（如某种商品）有关的所有有害生物。在《植物检疫术语表》（ISPM 5）中对“风险分析”的定义为运用生物学、其他科学及经济方面的证据进行的评估过程，以确定某种生物体是否为有害生物，是否应被限定以及应采取的植物检疫措施的力度。国家植物保护组织在进行有害生物风险分析时，应遵照相关国际植物检疫措施标准，以生物的或其他科学的及经济的证据为基础。在这样做时，还应当考虑到因对植物的影响而产生的对生物多样性的威胁。

ISPM 2 说明了在 IPPC 范围内进行有害生物风险分析过程，是进行有害生物风险分析的基础标准。ISPM 11 是针对检疫性有害生物风险分析的过程，ISPM 21 是针对非检疫性有害生物的风险分析说明，同时，SPS 协定规定各成员应当以风险评估为依据确定其动植物卫生检疫措施，并规定了风险评估应考虑的相关因素。

（三）检疫准入

检疫准入是指根据国内外法律、法规、规章以及标准要求，在对进口特定的动植物、动植物产品及其他高风险生物因子风险分析的基础上，结合对拟出口国家或地区的生物安全管理体系的有效性评估情况，确定检疫监管措施，准许某类产品进入本国市场的相关程序。ISPM 11 中规定，首次输入一国的商品（通常是植物或植物产品，包括遗传改变变异植物）或某一新地区或新原产国（地）的商品开始进行国际贸易，可能需要对某种具体传播途径进行新的或修改的有害生物风险分析。目前，主要贸易国家也按照国际标准执行对首次入境的动植物、动植物产品在风险分析的基础上制定准入制度。

（四）注册登记

企业注册制度是防范生物安全风险的国际通行措施，对出境方企业实施注册登记是公认的降低有害生物传入风险的检疫措施也是世界各国通行的做法。涉及注册登记的国际标准主要有 ISPM 7、ISPM 20。其中，对企业实施注册登记，是从源头降低植物疫情风险、提高农产品质量安全水平的有力措施。对出境方企业实施注册登记是公认的降低有害生物传入风险的国际植物检疫措施（ISPM 20），也是世界通行的做法。ISPM 7 对出口企业注册登记的条件和要求进行了明确，如提供包括生产操作指南、有害生物监控、溯源等在内的质量管理体系，以及面积核查和产量核定、周边环境、有害生物监测和防治等。

（五）境外预检

ISPM 20 中要求在出口方采取的措施：出口前查验包括出口前检测、出口前处理、特定植物检疫状态植物（如由已检测出带病毒的植物长成的或在特定条件下生长的植物）所产生的措施、出口前在生长季节进行的查验或检测，并可要求在运输期间采取的措施包括处理（如适当的物理或化学处理）、保持货物完整性。

（六）检疫审批

在 SPS 协定、IPPC 及国际植物检疫措施标准中，没有明确使用“检疫审批”的说法，一般用的是进境许可，其与我国的检疫审批既有联系，也有区别。它有时指检疫准入，有时指检疫证书，有时指经过检疫注册。在国际上，需要进境许可的国家和地区有澳大利亚、巴西、牙买加、巴哈马、哥斯达黎加、印度、中国香港、墨西哥、俄罗斯、南非等。

（七）检疫申报

ISPM 20 中提出了“限定物”“对限定物的植物检疫措施”“对进口货物的措施”“有关特殊进境物的规定”等要求。限定物是指可被管制的进口商品，包括可能被限定的有害生物侵染或污染的物品。限定的有害生物要么是检疫性有害生物，要么是限定的非检疫性有害生物。所有商品都可因检疫性有害生物而被管制。不能因限定的非检疫性有害生物而对供消费或加工的产品进行管制，对种植用植物才能因限定的非检疫性有害生物进行管制。对限定物的植物检疫措施除非出于植物检疫方面的考虑必须采取此类措施，且技术上合理，缔约方不应对限定物的进口采取如禁止、限制或其他输入要求等植物检疫措施。对进口货物的措施法律法规应指明植物、植物产品和其他限定物等进口货物应当遵守的措施。这些措施可以是一般性的，适用于各类商品；也可以是具体的，适用于特殊来源的特定商品。可以要求在进口前、进口时或进口后采取措施。有关特殊进境物的规定缔约方可对于用于科研、教学或其他目的进口有害生物、生物防治物或其他限定物作出特别规定。可根据是否准备了足够的安全措施来决定是否允许此类进境物进口。

（八）指定监管场地

指定入境地点是 IPPC 认可的可以采取的植物检疫措施之一，IPPC、ISPM 3、ISPM 20、《货物抽样方法》（ISPM 31）等国际植物检疫措施标准中均有相关规定。

IPPC 规定，如果某一缔约方要求仅通过规定的入境地点输入某批特定的植物或植物产品，选择的地点不得妨碍国际贸易。该缔约方应公布这些入境地点的清单，并通知秘书处、该缔约方所属区域植物保护组织以及该缔约方认为直接受影响的所有缔约方并应要求通知其他缔约方。除非要求有关植物、植物产品或其他限定物附有检疫证书或提交检验或处理，否则不应对入境的地点作出这样的限制。ISPM 3 第 3.1.3 条规定，对于生物防治和其他有益生物的输入有指定入境点的规定时，缔约方应发布法规，说明输出方和输入方需要达到的要求。ISPM 20 第 4.2.1 条“对进口货物的措施”规定，输入方可以对进境特定商品指定进境口岸；并应制定相关的规章制度；对于进境货物在进口后可采取的措施包括限制货物的销售或使用（如要求以特定方式加工处理）。

（九）现场查验

对贸易中规定的货物进行查验是有害生物风险管理的重要手段，也是世界范围内用于确定是否存在有害生物和/或是否符合输入植物检疫要求的最常见的植物检疫和要求。涉及现场查验的国际标准主要有《植物检疫证书准则》（ISPM 12）、《国际贸易中木质包装材料管理准则》（ISPM 15）、ISPM 20、《查验准则》（ISPM 23）、ISPM 31。其中，ISPM 20 规定，查验可以在入境口岸、转运点、目的地进行，在保证货物的植物检疫完整性，保证可以采取适当的植物检疫程序的情况下，也可以在其他可识别进境货物的地点（如重要市场）进行。根据双边协议或安排，查验也可以作为预核准程序的一部分，与输出方 NPPO 合作在原产国（地区）进行。

ISPM 23 规定了查验步骤和查验方法，指出国家植物保护组织可确定查验时的抽样比例。抽样方法应依据不同查验对象而确定。ISPM 20 规定了可以从货物中抽取样本。ISPM 31 提出了多种植物检疫抽样方法，并对货物抽样方法作出了具体规定，还要求国家植物保护组织对建立和使用的抽样程序文件做到公开透明，考虑贸易影响最小原则。一旦抽样方法选定并正确实施后，为了得到不同的结果而重新抽样是不被允许的。

（十）隔离检疫

隔离检疫是一种在隔离的环境条件下，对入境后的货物实施检疫的措施。涉及隔离检疫的国际标准主要有《入境后植物检疫站的设计和操作》（ISPM 34）、《种植用植物综合管理措施》（ISPM 36）。其中，ISPM 36 明确将隔离检疫作为有效的风险管理措施。ISPM 34 对隔离检疫进行了重点描述，并规定了对入境后检疫工作及检疫站的相关要求。

（十一）检疫处理

在已正式发布的国际植物检疫措施标准中，与检疫处理直接相关的标准有 3 个，即 ISPM 15、《辐照处理作为检疫措施的准则》（ISPM 18）、

《限定性有害生物的植物检疫处理》（ISPM 28）。这 3 个检疫处理国际标准都明确了在执行和实施这些标准时国家植物保护组织的责任和义务，明确了木质包装处理和标识的使用必须经国家植物保护组织授权；辐照处理设施必须经国家植物保护组织批准和定期核查，才能用于检疫处理；需要通过国家植物保护组织或是区域性植物保护组织提交限定性有害生物检疫处理技术标准。

（十二）后续监管

后续监管是指对进境植物、植物产品及其他检疫物的生产、加工、存放过程实施监督管理，是一项有害生物系统方法综合风险管理措施。《采用系统综合措施进行有害生物风险管理》（ISPM 14）第 2 条规定，系统方法中采用的措施只要国家植物保护组织有能力监测和确保遵照官方植物检疫程序，则可以在收获前后应用。因此，系统方法可以包括在生产地、在收获期间、在包装库或在商品运输和分发过程中采用的措施。

（十三）监测调查

监测调查是 IPPC 实施植物保护的一项操作性植物检疫措施，也是国家植物保护组织的一项法定职责。在《国际贸易中植物保护和植物检疫措施应用的植物检疫原则》（ISPM 1）、《监测准则》（ISPM 6）、ISPM 8、《有害生物根除计划准则》（ISPM 9）、《有害生物报告》（ISPM 17）等相关国际植物检疫措施标准中明确了其定义、分类、应用、具体操作等内容。IPPC 规定，监测调查是每一缔约方应采取的行动，各缔约方应尽力对有害生物进行监测，收集并保存关于有害生物状况的足够资料，用于支持有害生物的分类，以及制定适宜的植物检疫措施，监测调查是国家植物保护组织的责任之一。

ISPM 1 规定，监测是一项操作原则，规定“各缔约方应当收集、记录支持植物检疫出证的关于有害生物存在和不存在的资料，以及有关其植物检疫措施技术上合理的资料。”

ISPM 6 规定，监测调查分为一般性监测和专门调查两大类，并明确了各类监测的特点、做法和应用，同时对监测工作技术保障、记录保存和透明度等均作出了规定。

ISPM 8 规定，监测调查是确定某一地区的有害生物状况的重要手段。

ISPM 9 规定，监测是有害生物根除计划的重要内容，在一般检测或特定调查发现一种新的有害生物后可以启动根除计划；对采取行动后所取得的进展和效果进行评估，须对有害生物暴发情况进行监测。

ISPM 17 规定，国家植物保护组织有责任通过监测和核实有害生物记录收集有害生物的信息。凡是（根据观察、原有经验或有害生物风险分析）已知具有当前或潜在危险的有害生物的发生、暴发或扩散，应向其他国家报告，尤其是向邻国和贸易伙伴报告。

（十四）风险预警与快速反应

风险预警与快速反应是指在进境植物检疫工作中发现可能危害人体健康和农牧业安全的重要有害生物风险信息时，在风险分析的基础上，将启动风险预警与快速反应机制，发布风险预警信息，阻止带有潜在危险的动植物及其产品或其他检疫物入境所采取的快速反应措施，旨在保障人类、植物的生命健康，维护消费者的合法权益，保护生态环境，促进国际贸易的健康发展。主要涉及信息收集与风险评估、风险预警措施、快速反应措施（紧急措施）等内容。其中信息收集与风险分析涉及有害生物风险分析、监测调查等内容已在其他章节专门介绍，下面重点介绍快速反应（紧急措施）的内容。

紧急措施是 IPPC 中一项“对输入的要求”，属于操作性检疫原则。在 ISPM 1、《违规和紧急措施通知准则》（ISPM 13）、ISPM 15、ISPM 20 等相关国际植物检疫措施标准中对其定义、性质、使用条件等内容进行了规定。

IPPC 规定，缔约方可以采取适当的紧急行动，检测对其领土产生潜在威胁的有害生物，或报告检测结果。应尽快对任何此类行为进行评价，以确保有正当理由继续这项行动。应立即向有关缔约方、秘书处、缔约方为其成员的任何区域保护组织报告采取的任何行动。

ISPM 1 规定，当查明有新的或者未预计到的植物检疫风险时，各缔约方可以采用和/或执行紧急行动，包括紧急措施。紧急措施的执行应当是临时性的。应尽快通过有害生物风险分析或其他类似审查来评价是否继续采取这些措施，从而确保有技术理由继续采取这些措施。

ISPM 13 规定，输入方应调查新的或意外的植物检疫情况以证明有理由采取其行动。应尽快评价这类行动以确保其继续采用的技术理由。如果有理由继续采取行动，应当调整、公布输入方的植物检疫措施并通报输入方。在输入货物中查出未列入其输出方商品有关的限定性有害生物或者查出植物检疫状况不明、产生潜在植物检疫威胁的生物。

ISPM 15 规定，当木质包装材料不带所要求的标识或查验有害生物的结果证明处理可能无效时，国家植物保护组织应作出反应，必要时可采取紧急行动。首先扣留，然后酌情采取剔除违规的木质包装材料、处理、销毁（或用其他安全的处置方法）或退运等措施。

ISPM 20 规定，在出现新的或未预计到的植物检疫状况时，可以采取紧急行动。

（十五）非疫区管理

涉及非疫区、非疫产地和非疫生产点管理方面的国际植物检疫措施标准主要有 ISPM 2、《建立非疫区的要求》（ISPM 4）、ISPM 6、《关于建立非疫产地和非疫生产点的要求》（ISPM 10）、《建立有害生物低密度流行区的要求》（ISPM 22）、《非疫区和有害生物低度流行区的认可》（ISPM 29）。

非疫区的建立：ISPM 4 是关于非疫区建立的标准，规定非疫区为经科学证据证明某种特定有害生物未发生，并且官方能适当保持此状况的地区。国家植物保护组织建立和利用非疫区，可以在满足某些要求时不需要执行额外植物检疫措施的情况下将非疫区所在国家（输出国）的植物、植物产品和其他管理物品输出到另一个国家（输入国）。非疫区的建立和保持有三个方面：确定建立无有害生物的体系，保持无有害生物状态下的检疫措施及核查无有害生物状态的方法。确定无疫区的信息是通过一般监测和特定调查得到的。ISPM 6 和 ISPM 2 进一步提供了关于总的监督和具体调查要求的详细资料。

非疫产地和非疫生产点：ISPM 10 规定，非疫产地是科学证据表明某种特定有害生物没有发生并且官方能适时在一定时期保持此状况的地区。它在输入国有此要求时为输出国提供了一种手段，确保此产地生产和/或运出的植物、植物产品或其他限定物的货物无有关的有害生物。维持某一产地或某一生产点无疫状态取决于：有害生物的特性；产地和生产点的特性；生产者的操作能力；国家植物保护组织的要求和责任。

有害生物低度流行区：IPPC 规定有害生物低发生率地区系指主管当局

认定特定有害生物发生率低并采取有效的监视、控制或根除措施的一个地区，既可是一个国家的全部或部分，也可是若干国家的全部或部分。ISPM 22 和 ISPM 29 认为，建立有害生物低密度流行区是一个有效的有害生物风险综合管理措施，但必须得到输入国的认可。

有害生物根除：为防止有害生物进入后的定殖和蔓延，或根除已定殖有害生物，国家植物保护组织可以拟定一项有害生物根除计划。根除过程主要涉及三项主要活动：监测、封锁及处理和/或防治措施。

（十六）植物检疫证书

根据 IPPC、ISPM 7 和 ISPM 12 的规定，植物检疫证书作为植物检疫措施之一，是控制有害生物特别是限定的有害生物传播的重要手段，它不仅仅是一个通关凭证，更是一个国家对有害生物整体管理水平的体现。签发植物检疫证书是为了说明作为货物的植物、植物产品或其他应检物达到规定的植物检疫输入要求并与有关证书样本的证明声明一致，因此签发证书是一个控制有害生物传播确保符合输入国植物检疫要求的过程。IPPC、ISPM 1、ISPM 7、ISPM 12 等国际植物检疫措施标准中均有相关规定。

IPPC 规定，每一缔约方应为植物检疫证明做好安排，目的是确保输出的植物、植物产品和其他限定物及其货物符合 IPPC 证明。

ISPM 1 规定，各缔约方应当适当认真地执行出口证明系统，确保植物检疫证书中所包含的信息和附加声明的准确性。

ISPM 7 规定了国家植物检疫证书出证体系的要素，包括法定机构、出证体系、植物检疫证书和转口植物检疫证书的签发、审查机制等。

ISPM 12 规定了有助于国家植物保护组织制定和签发植物检疫证书和转口植物检疫证书的原则和指南，并随附了植物检疫证书和转口植物检疫证书的样本。该标准对两种证书样本的各个部分作了解释，明确了恰当填写这些证书所需的信息。

（十七）分类管理

《基于有害生物风险的商品分类》（ISPM 32）根据商品出口前的三种加工方法和程度以及商品的三种用途，综合评定植物检疫风险，将商品分成四类，同时提出了需要采取的植物检疫措施：

1. 商品加工的程度使商品不再可能受到检疫性有害生物的侵染，因此，不需要采取植物检疫措施。

2. 虽经过加工但仍可能受到某些检疫性有害生物的侵染。对这类商品，进口国可以决定是否需要开展有害生物风险分析，并结合商品的用途评估有害生物传播和定殖的可能性。如果评估后确定不具有风险，那么就把这类商品按第一类管理，不采取任何植物检疫措施。

3. 没有经过加工处理并且非繁殖用的商品。这类商品必须进行有害生物风险分析以确定其风险大小。第二类和第三类商品均具有传播检疫性有害生物的可能性，因此需要结合商品的用途，根据有害生物风险分析的结果确定植物检疫措施。

4. 未经过加工的、繁殖和种植用的商品。这类商品必须进行有害生物风险分析以确定相关的风险。有害生物风险分析要确定针对性的植物检疫措施。

（十八）实验室检测运行

涉及实验室检测的国际植物检疫措施标准主要有 ISPM 9、ISPM 20、《限定性有害生物诊断规程》（ISPM 27）。其中，ISPM 20 指出应将发现的有害生物或危害症状送实验室做进一步鉴定、专项分析或专家判定，根据结果确定货物的植物检疫状态。ISPM 9 指出国家植物保护组织最终采用的方法将取决于具体生物和普遍接受并可行的鉴定方法。ISPM 27 描述了对与国际贸易有关的限定性有害生物进行官方诊断的程序和方法，提供了对限定性有害生物进行可靠诊断的最低要求。

（十九）外来入侵物种管理

国际上已有多个国际管理公约及机构组织的工作涉及应对外来入侵物种造成的危害，其中联合国环境规划署（UNEP）发起的《生物多样性公约》（CBD）是最早对外来入侵物种管理进行全面阐述的一个具有法律约束力的国际公约，也是目前对外来入侵物种和生物安全管理最重要的全球性公约之一。与外来入侵物种管理有关的其他重要国际公约还包括 IPPC、SPS 协定等。与管理外来入侵植物物种有关的国际组织还有世界自然保护联盟（IUCN）。

（二十）转基因生物安全管理

自转基因生物出现以来，不同的国家对此有不同的态度，转基因生物产品的出口国，如美国、加拿大、阿根廷、澳大利亚、智利、乌拉圭等，反对限制转基因生物贸易的任何措施。而欧盟各国在转基因生物问题上持反对态度，对转基因生物环境释放制定了严格的管理程序，要求按照个案审查的原则，从试验研究到田间试验，最终至商品化生产，依次对转基因生物进行安全性评价。目前，标识是国际上对转基因产品管理的普遍做法，但各国的标识管理制度差别很大。

转基因生物的两面性以及各国对转基因生物贸易的不同管理政策，强烈要求相关国际协定发挥重要作用，从而促使人类合理地利用转基因生物。与转基因贸易密切相关的多边国际协定主要有 3 个，分别是 SPS 协定、TBT 协定和《卡塔赫那生物安全议定书》，此外还有 ISPM 11 中有关植物检疫风险分析的附件，该风险与活体转基因生物相关。

（二十一）信息管理

植物检疫对信息的需求和利用极为广泛和深入，许多国际植物检疫措施标准对此都有明确的表述，如有害生物基本信息及其利用、法律法规及进境检疫要求信息及其利用、检疫执法和管理工作流程产生的各种信息及其利用等。

ISPM 11 指出“信息收集是有害生物风险分析所有阶段的一个必要组成部分。在开始阶段信息收集很重要，以便阐明有害生物的特性、其现有分布及其与寄主植物、商品等的联系。随着有害生物风险分析的继续，将视需要收集其他信息，以作出必要的决定”。ISPM 17 规定，“有害生物报告应包含有关该有害生物的特征、地点、有害生物状况以及当前或潜在危险的性质的情况，报告应及时提供，最好通过电子手段、直接通讯、可公开获得的出版物和/或国际植物检疫门户网站提供”。根据 ISPM 6 的规定，有害生物报告的信息可从两种有害生物监测系统，即从一般监视或特定调查的任何一种系统中获得。同时指明，应当建立这些系统以确保向国家植物保护组织提供或由这些机构收集此类信息。ISPM 19 规定，“各国应向 IPPC 秘书处、缔约方所属的区域植保组织并根据要求向其他缔约方提供清单。并明确规定了包括对有害生物名称、类别及所有与其寄主产品及其他物品的相关信息”。

ISPM 12 规定，“签发植物检疫证书是为了证明植物、植物产品或其他检疫物达到输入国的植物检疫输入要求，并与证明声明相一致”，说明正确掌握各国进境检疫要求的必要性。ISPM 7 规定“植物检疫出证应依据输入国的官方信息。输出国国家植物保护组织应尽可能获得相关输入国植物检疫输入要求的当前官方资料”。

目前，很多国家都建立了政策法规数据库、检疫要求和检疫措施数据库、有害生物数据库，实现了重要信息资源的数字化，为信息获取、分析、处理、共享奠定了基础。

第三节 中国参与 IPPC 相关规则制修订及应用情况

一、中国参与 IPPC 活动情况

2003 年，原国家质检总局就开始关注 IPPC 的相关工作及出台国际标准情况。2005 年中国成为 IPPC 缔约方后，原国家质检总局委托标准法规中心成立“国际植物检疫标准评议专家组”，专门从事国际植物检疫标准的跟踪研究。具体体现在以下方面。

（一）参与相关国际活动

IPPC 植物检疫措施委员会每年召开会议，中国每次派代表参加相关会议，均积极参与相关议题的讨论，表达中方立场。如在 2014 年 IPPC 植物检疫措施委员会大会上，拟通过《地中海实蝇的橙子低温处理》《昆士兰实蝇的柠檬低温处理》等检疫处理标准，这些标准通过后，将会对水果检疫处理造成很大的影响，中国在此次会议上坚决反对通过这几项标准。2016 年，植物检疫措施委员会大会上拟通过 ISPM 28 标准附件：木材介电加热（2007-114）（DRAFT ANNEX TO ISPM 28：Heat treatment of wood using dielectric heating（2007-114）），该标准附件是由新西兰人牵头制定的标准，并经过多次修订，规定了木材介电加处理的温度和时间，处理指标是：原木最低温度达到 60℃时，保温处理 1min，但在该温度和处理时间下，不能将木材中的有害生物杀灭。中国作为木材进口大国，该标准一旦生效，可能会降低进口木材的检疫处理指标。在会议上中国提出了反对意见，这项标准最后也未通过。

亚太区域植物保护组织（APPPC）大会每两年召开一次，中国派员参加此会议，并在会上积极参与议题，表达中方立场。

（二）参与国际标准的制修订工作

中国从参与国际标准的评议，逐渐过渡到参与国际标准的制定，近20年来，中国多次派专家参与国际标准的制修订工作。

上海海关派专家作为杂草诊断专家组专家参与了多项诊断标准的制修订工作，并组织IPPC专家在中国召开诊断组会议。深圳海关多次派专家参与IPPC的相关工作，派专家作为IPPC检疫处理专家组，参与多项检疫处理组工作；派专家作为电子植物检疫证书专家，多次参与电子证书的相关讨论和标准的制定；派专家作为海运集装箱标准起草组专家，参与海运集装箱标准的调查，组织IPPC专家在中国召开海运集装箱标准工作会议。宁波海关派专家参与ISPM 27“附件DP10：松材线虫诊断规程”起草，黄埔海关派专家参与ISPM 27“附件独脚金属 *Striga* spp.（2008-009）诊断规程”起草。标法中心专家参与ISPM 46特定商品植检措施标准的起草工作，南京海关专家参与ISPM 39木材国际运输的起草工作，中国检验检疫科学研究院多名专家参与检疫处理组和熏蒸处理国际标准起草，协助IPPC开展国际植物检疫标准中文版的校稿工作，出版了《国际植物检疫标准汇编》，并将其作为工作手册进行发放。

（三）中国国内开展活动

1. 开展国际标准评议工作。2005年成立“国际植物检疫标准评议专家组”开展评议工作以来，专家队伍日臻成熟，评议水平不断提高。从技术科学性、结构合理性、可操作性等方面有针对性地提出意见。

2. 向IPPC推荐10余项标准题目，包括“入境后检疫”“货物抽样”“实验室检测标准”等全部列入国际标准优先考虑议题。

3. 牵头制定国际区域植物检疫措施标准2项，这2项标准已在亚太区域植物保护大会上通过，分别成为区域标准RSPM 5（《紧急措施和紧急行动工作指南》）和RSPM 8（《边境贸易植物检疫操作指南》）。这也是中国首次参与国际标准的起草。

二、国际植物检疫措施标准在中国的应用

（一）国际标准被采纳为国家标准

国际标准被采纳为国家标准对应表见表 3-2。

表 3-2　国际标准被采纳为国家标准对应表

国家标准	国际植物检疫措施标准
《进出境植物和植物产品有害生物风险分析技术要求》（GB/T 20879—2007） 《进出境植物和植物产品有害生物风险分析工作指南》（GB/T 21658—2008）	ISPM 2 Guidelines for pest risk analysis ISPM 11 Pest risk analysis for quarantine pests ISPM 21 Pest risk analysis for regulated non-quarantine pests
植物检疫术语（GB/T 20478—2024）	ISPM 5 Glossary of phytosanitary terms
建立非疫区指南（GB/T 21761—2008）	ISPM 4 Requirements for the establishment of pest free areas
植物检疫证书准则（GB/T 21760—2008）	ISPM 7 Export certification system ISPM 12 Guidelines for phytosanitary certificates
植物检疫措施准则 辐照处理（GB/T 21659—2008）	ISPM 18 Guidelines for the use of irradiation as a phytosanitary measure
建立有害生物低发生率地区的要求（GB/T 23628—2009）	ISPM 22 Requirements for the establishment of areas of low pest prevalence
进境植物检疫管理系统准则（GB/T 23630—2009）	ISPM 20 Guidelines for a phytosanitary import regulatory system

（二）国际标准转化为技术法规

原国家质检总局出台的很多技术法规中已采纳国际标准的内容。

1.《出境货物木质包装检疫处理管理办法》。2005 年 3 月，原国家质检总局颁布实施《出境货物木质包装检疫处理管理办法》。其中，热处理条件、溴甲烷熏蒸处理条件等核心内容均直接引用 ISPM 15（《国际贸易中木质包装材料管理准则》）。2006 年，原国家质检总局又根据 ISPM 15 对管理办法进行了补充规定。

2. 制订有害生物鉴定的技术标准时，遵循 ISPM 27（《限定性有害生物诊断规程》）提出的程序和方法。

3. 制定相关货物检疫操作规程类技术标准时，遵循 ISPM 23（《查验准则》）、ISPM 31（《货物抽样方法》）提出的建议等。

（三）借鉴国际标准的理念

国际植物检疫措施标准一定程度反映了国际植物检疫工作较为先进的管理方法和理念。ISPM 32（《基于有害生物风险的商品分类》）与中国在植物检疫方面的管理理念不谋而合。为此，原国家质检总局专门进行课题立项，研究《中国进境植物和植物产品的风险分级管理》，对低风险产品，简化程序、快速通关；对高风险产品，重点管理、强化把关。

我国植物检疫工作在制定制度或措施方面，借鉴国际标准的管理理念，在禁限名录、风险分析、检疫准入、境外预检、检疫审批、检疫申报、现场查验、实验室检测、检疫处理、非疫区建设、隔离检疫、注册登记、疫情监测、风险预警与快速反应、应急处置、指定监管场所、植物检疫证书、后续监管等方面采用了国际规则相关内容。如在风险分析方面，我国依据 ISPM 2、ISPM 11 和 ISPM 21 标准等，制定了我国的有害生物国家标准，规范我国的风险分析方法。我国风险分析已经成为我国进出境植物检疫决策的支柱，每一项植物检疫政策的出台都需要有害生物风险分析报告的支持，制定植物检疫法规以及对外植物检疫谈判也都需要有害生物风险分析的技术支持。2002 年 4 月 9 日，原国家质检总局组建了跨部门、跨学科的中国进出境动植物检疫风险分析委员会。该委员会的主要职责是为国家进出境动植物检疫决策提供技术咨询；为我国进出境动植物检疫风险分析工作的发展方向提出意见和建议；对重要的进出境动植物检疫风险分析进行审议。2000—2001 年，小麦矮腥黑穗病菌（TCK）定量风险分析是我国第一个真正的定量有害生物风险分析，取得了国际领先的成果。这项研究利用地理信息系统（GIS），根据 18 年的气象数据，建立了 TCK 地理植物病理学模型，以科学的方法和严密的数据分析了 TCK 在我国发生的可能性，绘制出 TCK 发生的风险区划图，为我国采取相应的检疫措施提供了科学依据。此项成果填补了国内空白，对此后口岸检疫和对 TCK 处理都具有重要意义。

（四）制定相关法规标准遵循国际标准原则

在 ISPM 2、ISPM 5 标准生效后，我国根据这些标准，采用“检疫性有害生物”最新理念，制定了进境检疫性有害生物名单（446 种，2021 年），替代原来一类、二类危险性有害生物名单，并动态更新。

我国与国外签署进境检疫要求和议定书中，针对一些有害生物的管理措施，采用了 ISPM 10、ISPM 22、ISPM 29 标准等，要求建立有害生物的非疫区或者非疫生产点、低度流行区等概念。如对苹果蠹蛾、橘小实蝇，要求遵循 ISPM 4（《建立非疫区的要求》）中的要求，建立非疫区等。

三、我国参与国际标准标准化活动面临的形势和存在的问题

国际植物检疫措施标准的制定呈现如下特点：发布标准的速度加快，年出台标准增多；标准内容从概念、框架性转向产品化、可操作性；更加紧密配合国际农产品贸易的需求，应需而生；从发达国家主导参与，到更多发展中国家积极参与其中。

中国在国际标准领域正面临重大转折期，未来几年将会更深层次参与其中，从标准末端的会议参与、标准评议，前推到标准最初的立项、起草，并引领部分标准的起草工作。原因有两方面。一是中国需要国际标准。中国是 IPPC 缔约方，需要执行国际标准，只有参与制定，才能更好地执行。同时随着农产品进出口贸易的日益频繁，在制修订一系列政策、对外谈判中都非常注重借鉴和吸纳国际标准，以便和国际规则接轨，便利进出口贸易的开展。二是国际标准的制定也需要中国。作为发展中大国，中国在国际上的地位越来越重要，世界瞩目中国的观点和态度，同时，中国进出口贸易量巨大，在植物检疫领域积累了许多优秀做法，具备推动国际标准的可能。海关总署在参与国际标准制修订过程中取得了不小成绩，但在以下方面仍存在问题：

一是评议质量和水平仍需提高。随着标准内容的专业化、领域化，在评议中科学化提出切中要害的观点越来越难，对评议专家的要求日益严苛。评议中常面临有不同技术观点，但却缺乏充分数据和文献做支撑，以至于缺少力度，难被采纳。

二是参与国际标准思想和理念仍需加强。在海关系统，上层决策者对国际标准了解多，基层工作者了解少。这限制了可操作、实用性标准从基

层提出，也使基层专家因不了解而未能参与其中。

三是缺乏国际化的业务专家。拥有国际化、懂规则、业务强的专家队伍是参与国际标准的重要保障。受语言障碍等特点限制，尽管目前海关系统已有一些国际专家，但与需求相比还远远不够。

四是无专项经费保障。日本、美国、加拿大等发达国家每年有专项国际经费，用于自费向 IPPC 长期派员协助工作（加拿大 1 人/年，日本 1 人/2 年）、承办国际会议（韩国政府资助区域标准评议会）、承担 IPPC 的一些援助项目（日本、美国），以此来加强与 IPPC 的沟通与交流。我国目前尚无此类专项经费。

四、提升对策

深入参与标准制定工作。通过对中国农产品发展趋势未来 10 年的预测，做出顶层构架，从而决定在哪些领域需要力推国际标准。一方面，积极参加与我国利益相关的新标准起草制定工作，从源头参与；另一方面把我国已有技术法规、国家标准等成熟做法推广成国际标准，可从 ISPM 28 标准附件处理条件入手做起。

提高评议的质量和水平。以中国 WTO/SPS 通报咨询中心成立的评议专家组为依托，参与国际活动、跟踪前沿动态，有方向地培养专家队伍。在评议中注重提出观点的科学数据等，加强与科研机构、口岸一线工作人员的互动。

定期举办标准培训和研讨会。定期举办国际植物检疫措施标准培训，培养国内专家的同时，提高全民参与意识。同时，针对一类标准举办研讨会，更好理解标准配合执行，并明确执行中存在问题。

加强与 IPPC 的交流合作。以邀请 IPPC 专家来中国举办讲座、培训、积极承办 IPPC 相关活动等方式加强对 IPPC 的了解。设立资金保障，建立 IPPC 派员工作机制，在培养国际化业务人才的同时，实现 IPPC 标准制定工作的更多参与。

加强信息的获取与宣传。专人专刊跟踪研究标准信息，及时宣传告知相关人员 IPPC 的相关活动，以达到有效参与。

第四章

其他动植物检疫相关国际规则

CHAPTER 4

第一节
联合国粮农组织规则

一、联合国粮农组织的建立和组成

1945年10月16日，联合国粮食及农业组织（Food and Agriculture Organization of the United Nations，FAO，简称“粮农组织”）成立，是联合国系统内最早的常设专门机构。FAO总部设在意大利罗马，此外还在非洲、亚洲和太平洋、拉丁美洲和加勒比、近东和欧洲等5个地区设有区域办事处，另设有10个次区域办事处、7个联络处和134个国家代表处。现共有194个成员国、1个成员组织（欧洲联盟）和2个准成员（法罗群岛、托克劳群岛）。

FAO的宗旨是提高各国人民的营养水平和生活水准；提高所有粮农产品的生产和分配效率；改善农村人口的生活状况，促进世界经济的发展，并最终消除饥饿和贫困。

FAO的最高权力机构为大会，大会负责审议世界粮农状况，研究重大国际粮农问题，选举、任命总干事，选举理事会成员和理事会独立主席，批准接纳新成员，批准工作计划和预算，修改章程和规则等；每两年举行一次，全体成员参加。FAO常设机构为理事会，隶属于大会，大会休会期间在大会赋予的权力范围内处理和决定有关问题，自1973年恢复在该组织席位以来，中国一直是该组织的理事会成员。FAO执行机构为秘书处，其负责执行大会和理事会有关决议，处理日常工作。

二、联合国粮农组织的作用

FAO负责向成员提供世界粮食形势的分析情报和统计资料，对世界粮农领域的重要政策提出建议交理事会和大会审议；帮助发展中国家研究制定发展农业的总体规划，按照规划向多边援助机构和发达国家寻求援助和贷款，并负责组织各种援助项目；通过国际农产品市场形势分析和质量预测组织政府间协商，促进农产品的国际贸易；通过提供资料、召开各种专业会议、举办培训班、提供专家咨询等活动推广新技术，组织农业技术交流；作为第三方为某一个受援国寻找捐赠国组成以粮农组织、受援国和捐赠国为三方的信托基金。

三、与国门生物安全相关的规则

在进出境植物检疫和国门生物安全方面，FAO 制定并遵守一系列与粮食和农业有关的国际公约、协定和条约，协助成员实施国际标准和指南，以保护消费者健康并促进贸易公平。

（一）通过《国际植物保护公约》

1951 年，FAO 大会通过旨在保护全球植物资源免受有害生物危害的《国际植物保护公约》（IPPC），于 1952 年生效。1992 年，FAO 成立了 IPPC 秘书处。主要职责包括建立国际植物检疫措施标准；规范 IPPC 信息要求，简化缔约方之间的信息交换；通过 FAO 与各缔约方或有关国际组织的合作向有关缔约方特别是发展中国家缔约方提供战略援助。1993 年，FAO 大会批准制定植物检疫标准的程序，1994—1995 年建立植物检疫措施专家委员会（CEPM），后改为植物检疫措施委员会（CPM）。

（二）制订有害生物综合防治计划

1952 年，FAO 正式启动沙漠蝗防治计划。1995 年，FAO 建立跨界动植物病虫害紧急预防系统（EMPRES），加强该组织在预防、控制以及在可能的情况下根除有害生物方面的工作。2019 年 12 月，为应对草地贪夜蛾在世界范围内的迅速传播，FAO 启动了为期三年的防治草地贪夜蛾全球行动，旨在通过采取协调措施，促进全球、区域和国家层面加强预防和可持续有害生物控制能力。

（三）保障粮食安全

1963 年，FAO/WHO 联合创建的国际食品法典委员会（CAC）全面运作。1974 年，FAO 设立世界粮食安全委员会（Committee on World Food Security，CFS），工作重点是提高全球粮食生产并维持世界粮食市场的稳定。1985 年，FAO 大会批准了《世界粮食安全协约》，概述了实现全面的全球粮食安全体系的计划。

1994 年，FAO 发起粮食安全特别计划（SPFS），支持低收入缺粮国努力改善国家粮食安全。1998 年，FAO 推动具有法律约束力的《关于在国际贸易中对某些危险化学品和农药采用事先知情同意程序的鹿特丹公约》（简称《鹿特丹公约》）获得通过。

2001 年，FAO 大会通过了具有法律约束力的《粮食和农业植物遗传资源国际条约》，2004 年 6 月该条约正式生效，以建立为农民、植物育种者和科学家提供获取植物遗传材料的一个全球系统途径，确保接受者与遗传材料的来源国分享他们使用这些遗传材料获得的利益。

2019 年 12 月，FAO 启动联合国“2020 国际植物健康年（IYPH）”，以提高全球各国对守护植物健康有助于消除饥饿、减少贫困、保护环境和促进经济发展的认识。

第二节
区域植物保护组织规则

区域植物保护组织（RPPO）是一类政府间组织，是国家植物保护组织（NPPO）在区域层面的协调机构。截至目前，在 IPPC 框架下共有 10 个区域植物保护组织：亚太区域植物保护委员会（APPPC）、加勒比区域农业健康和食品安全局（CAHFSA）、中南美洲植物保护组织（CA）、南锥体区域植物保护委员会（COSAVE）、欧洲和地中海植物保护组织（EPPO）、泛非植物检疫理事会（IAPSC）、近东植物保护组织（NEPPO）、北美植物保护组织（NAPPO）、中美洲国际农业卫生组织（OIRSA）、太平洋植物保护组织（PPPO）。

RPPO 的职能包括：协调国家植物保护组织，参与为实现国际植物保护公约目标而开展的活动；开展区域间合作，促进植物检疫措施的协调统一等。IPPC 拓展了区域植物保护组织的职责范围，阐明其与 IPPC 秘书处和 CPM 在制定国际标准方面的合作关系。因此，RPPO 在履行国际植物保护公约的工作中发挥着重要作用。下面对与我国关系较大的 RPPO 进行介绍。

一、亚太区域植物保护委员会（APPPC）

（一）组织概况

亚太区域植物保护委员会（Asia and Pacific Plant Protection Commission, APPPC）成立于 1956 年，总部设在泰国曼谷。目前委员会有 25 个成员：澳大利亚、孟加拉国、柬埔寨、中国、斐济、法国（法属波利尼西亚）、印度、印度尼西亚、朝鲜、老挝、马来西亚、缅甸、尼泊尔、新西兰、巴基斯坦、巴布亚新几内亚、菲律宾、韩国、西萨摩亚、所罗门群岛、斯里兰卡、泰国、东帝汶、汤加和越南。根据规定，委员会每两年至少召开一次会议，并开放给所有成员参加。

（二）主要职能

APPPC 致力于保护植物、人类及动物的健康与环境，保护农业的可持续性，推动贸易便利；是《亚洲及太平洋区域植物保护协定》（简称《亚太植物保护协定》）合作与全面实施的区域平台。其主要目标为协调促进区域植物保护系统建设，协助成员打造高效的植物保护管理体系，制定植物检疫措施标准，促进区域植物检疫信息共享。APPPC 协助成员制定本组织内的植物卫生措施，包括区域植物检疫措施标准（RSPM）、有害生物综合治理以及农药分配与使用操作准则等帮助成员提升有害生物监测、有害生物风险分析、有害生物风险系统管理以及国际与区域植物检疫措施标准实施的能力，有助于对入侵物种暴发的管控，促进农业贸易安全。

APPPC 在有害生物综合治理方面发挥重要作用。有害生物综合治理是以生态为基础、对环境安全的方法，可帮助农民无须借助潜在危险化学品就能保护作物免受有害生物侵染。APPPC 通过“农民田间学校”、粮农组织区域有害生物综合治理项目、合作研究和针对农民及植物保护工作者的能力培养项目来推进区域的有害生物综合治理的使用和有效性，并通过协调区域信息共享与协定执行，使各成员可以采用适合其具体现状的有害生物综合治理技术。

（三）与国门生物安全相关的规则

为了执行《亚太植物保护协定》，APPPC 设立了标准、植物检疫、有害生物综合治理、农药管理四个执委会，组织制定关于植物检疫、有害生物综合治理、农药管理等方面的区域植物检疫措施标准，以便各成员的使用。在亚太区域制定发布了实蝇寄主商品热处理指南（APPPC RSPM No. 1）、实蝇非疫区的建立与维护（APPPC RSPM No. 3）、确认水果和蔬菜实蝇非寄主地位指南（APPPC RSPM No. 4）等多项区域标准。作为 APPPC 的成员，中国参考执行相关区域标准。

二、欧洲和地中海植物保护组织（EPPO）

（一）组织概况

欧洲和地中海植物保护组织（European and Mediterranean Plant Protection Organization，EPPO）于 1951 年成立，负责欧洲和地中海区域的植物保护合作，目前有 52 个成员，总部设在法国巴黎。EPPO 的技术活动由植物检疫措施工作组和植物保护产品工作组负责。工作组在理事会和执行委员会的批准下拟订方案，将特定任务分配给由来自成员专家组成的专家小组，起草标准草案，经理事会正式批准后向所有成员推荐，然后在官方期刊《EPPO 公告》中发布。

（二）主要职能

EPPO 的目标是负责保护本地区农业、林业和未耕种环境中植物的健康；制定国际战略以防止有害生物（包括外来入侵植物）在农业和自然生态系统中传入和扩散，保护生物多样性；鼓励协调植物检疫措施和所有其他官方植物保护行动领域；促进使用现代、安全、有效的有害生物防治方法；提供有关植物保护的文件和信息服务。EPPO 负责制定植物检疫措施和植物保护产品的区域标准；组织技术会议（工作组、专家组、专家工作组）；参加由 IPPC 秘书处协调的与植物检疫措施有关的全球活动；为植物保护研究人员、植物保护组织的负责人、植物检疫检查员组织国际会议和培训班；出版官方期刊（《EPPO 公告》）。

（三）与国门生物安全相关的规则

1. 制定有害生物风险分析（PRA）指南

自1951年成立以来，有害生物风险分析一直是EPPO的一项重要工作。EPPO理事会于2005年正式批准成立特别专家组，随后更名为“有害生物风险分析专家工作组”，负责审查和实施有害生物风险分析，协调EPPO区域的有害生物风险分析流程，进行风险评估并确定合适的风险管理措施，成员根据PRA结果及其保护水平决定在其立法中纳入哪些管理措施。2018年，EPPO启动了EPPO有害生物风险分析平台，成员或欧洲食品安全局（EFSA）可在该平台上发布其有害生物风险分析信息或报告。截至2024年7月，平台已发布2200多份有害生物风险评估文件供用户浏览查询。

20世纪90年代，EPPO开始着手制定本组织的PRA指南（标准），规范PRA工作，也为其他国家和国际组织提供借鉴，国际植物检疫措施标准《检疫性有害生物风险分析（包括环境风险和活体转基因生物分析）》（ISPM 11）就是在其基础上制定的。目前，EPPO共制定发布了9项PRA指南（标准）（PM5系列标准）。

2. 制定A1/A2有害生物清单

A1/A2有害生物清单是指EPPO检疫性有害生物清单，A1清单中的有害生物是指在欧盟没有发生的检疫性有害生物，A2清单中的有害生物是指在欧盟有发生，但进行官方控制的有害生物。植物检疫措施专家组每年审查EPPO成员A1清单中有害生物暴发情况，考虑它们是否已根除或具有根除的可能性。如有根除可能，则将该有害生物转入A2清单（如木质部难养菌 *Xylella fastidiosa* 在1981年被列入A1清单，2017年被调整到A2清单），调整时须提交植物检疫措施工作组和理事会批准，并在全球数据库与EPPO报告服务中发布。

3. 制定EPPO预警名单

EPPO预警名单的主要目的是提请EPPO成员注意可能对其构成风险的某些有害生物，实现预警。EPPO预警名单本身不是检疫名录，也不构成植物检疫条例的建议。如预警名单中的有害生物，确有较大风险，可在风险分析的基础上，列入A1/A2清单中。有害生物一般最多可在此名单中待3年，如果3年内没有采取措施，则将其从此名单中删除。该预警名单由 EPPO 秘书处维护，并经 EPPO 植物检疫工作小组的严格审查。

4. 制定外来入侵植物清单

2002 年，EPPO 成立外来入侵植物专家组，根据 EPPO 标准对可能具有潜在入侵性和危害的植物进行重要性排序，并进行有害生物风险分析，将外来入侵植物分别列入 EPPO A1/A2 清单、外来入侵植物清单、外来入侵植物观察清单、预警名单，并提出管理方案。

5. 制定诊断标准

1998 年以来，EPPO 在诊断领域的工作主要侧重于检疫性有害生物的诊断。截至 2024 年 8 月，EPPO 已经制定 157 项诊断标准，其中 9 项标准因被撤销或替代而失效，其余 148 项标准处于审查中或生效状态。

三、北美植物保护组织（NAPPO）

（一）组织概况

北美植物保护组织（North American Plant Protection Organization，NAPPO）于 1976 年成立，是北美地区的区域性植物保护组织，负责执行成员签署的植物保护合作协议的补充协议，促进和确保北美地区植物保护领域的合作。总部设在加拿大渥太华，该组织目前有 3 个成员——加拿大、墨西哥、美国。

（二）主要职能

NAPPO 主要目标为：鼓励并促进成员之间的合作，防止限定有害生物在北美地区传入、定殖和扩散，降低非检疫性限定有害生物的经济影响；提升植物、植物产品和其他受管制物品国际贸易安全；鼓励并参与半球或全球合作。制定并通过区域植物检疫措施标准（RSPM），协调成员的植物检疫措施，促进植物、植物产品及其他受管制产品进入或在 NAPPO 区域内安全调运等。

（三）与国门生物安全相关的规则

1. 制定 RSPM

为保护农业、森林和其他植物资源免受受管制植物有害生物的危害，促进安全贸易，NAPPO 制定有害生物非疫区等 41 项 RSPM，NAPPO 专家组会定期审核修订正在实施的 RSPM，评估其是否需要修订或存档。

2. 制定亚洲舞毒蛾疫区船舶操作管理指南

为防止亚洲舞毒蛾传入和定殖，NAPPO 制定了 RSPM 33《亚洲舞毒蛾疫区的船舶及船上货物的运行管理指南》，规定疫区的 NPPO 应采取检验认证、建立非疫区等特殊风险管理措施，以降低该有害生物向北美洲传入的风险。对应的风险管理措施在实施前必须得到 NAPPO 成员的认可。

3. 制定海运集装箱清洁和检验指南

为了保护北美农业、林业和自然资源，抵制外来有害生物入侵，美国农业部（USDA）和加拿大食品检验局（CFIA）与美加边境保护机构、托运人以及全球航运公司携手合作，制定海运集装箱清洁和检验指南，作为国际海事组织《货物运输组件包装操作规则》（CTU 规则）的补充。

4. 开发植物检疫警示系统

为了使成员了解有害生物日益增加的威胁，NAPPO 开发了植物检疫警示系统（PAS），于 2000 年启动，用于分享可能对北美农业、森林或自然生境构成重大威胁的新出现的植物有害生物的科学情报。PAS 通过两种方式提供信息：（1）官方有害生物报告，PAS 为成员就其国内新出现的重大植物有害生物的暴发及时提供官方通知（即官方有害生物报告），或提供受限定有害生物的最新情况；（2）新发生有害生物警示，专家组成员在国际范围内广泛收集对 NAPPO 国家具有重要意义的植物有害生物的情报，并通过网站以警示（即新发生有害生物警示）的形式发布。截至 2024 年 8 月，PAS 共发布 858 条官方有害生物报告和 95 条新发生有害生物警示。

5. 制定诊断和处理程序

为了诊断技术和处理措施协调统一，NAPPO 根据《限定性有害生物诊断规程》（ISPM 27）和《限定性有害生物的植物检疫处理》（ISPM 28）规定的原则，制定了柑橘黄龙病（DP NO. 01）等 3 项诊断程序和用于控制谷物或谷物产品储藏期有害生物的磷化氢熏蒸程序（TP NO. 03）等 3 项处理程序。

第三节 其他相关国际组织及规则

一、联合国环境规划署及相关规则

（一）组织概况

1972 年 12 月 15 日，联合国大会通过建立环境规划署的决议。1973 年 1 月，作为联合国统筹全世界环保工作的组织，联合国环境规划署（United Nations Environment Programme，UNEP）正式成立，总部设在肯尼亚首都内罗毕，截至 2021 年 12 月，已有 193 个成员。中国自 1973 年以来一直是 UNEP 理事会成员，1976 年在内罗毕设立联合国环境规划署代表处，由中国驻肯尼亚大使兼任代表。1987 年，UNEP 同中国就在中国设立“国际沙漠化治理研究与培训中心”达成协议，该中心总部设在兰州。2003 年 9 月 19 日，联合国环境规划署驻华代表处在北京正式揭牌成立，这是该机构在全球发展中国家设立的第一个国家级代表处。

（二）主要职能

联合国环境规划署的主要任务是：利用现有最佳科技能力来分析全球环境状况并评价全球和区域环境趋势，提供政策咨询，就各类环境威胁提供早期预警，促进和推动国际合作和行动；促进和制定旨在实现可持续发展的国际环境法，其中包括在现有的各项国际公约之间建立协调一致的联系；促进采用商定的行动以应对新出现的环境挑战；利用环境规划署的相对优势和科技专长，加强在联合国系统中有关环境领域活动的协调作为，并加强其作为全球环境基金执行机构的作用；促进人们提高环境意识，为参与执行国际环境议程的各阶层行动者之间进行有效合作提供便利，并在国家和国际科学界决策者之间担当有效的联络人；在环境体制建设的重要领域中为各国政府和其他有关机构提供政策和咨询服务。

（三）与国门生物安全相关的规则

在环境与发展、环境与人口、环境与贸易等方面，环境规划署与联合国可持续发展委员会、联合国开发计划署、WTO 等有关国际机构密切合作，促进环境保护在这些领域的发展。联合国环境规划署自成立以来，为保护地球环境和区域性环境举办了各项国际性的专业会议，召开了多次学术性讨论会，协调签署了各种有关环境保护的国际公约、宣言、议定书，并积极敦促各国政府对这些宣言和公约的兑现，促进了环保的全球统一步伐。联合国环境规划署框架内签署的《濒危野生动植物种国际贸易公约》（CITES）和《生物多样性公约》（CBD）与新时代海关动植物检疫工作紧密相关。

二、世界自然保护联盟及相关规则

（一）组织概况

世界自然保护联盟（International Union for Conservation of Nature, IUCN）于 1948 年成立，总部位于瑞士格朗，亦作为"国际自然与自然资源保护联盟"。IUCN 是世界上规模最大、历史最悠久的全球性非营利环保机构，也是自然环境保护与可持续发展领域唯一作为联合国大会永久观察员的国际组织。IUCN 是政府和非政府机构都能参加的少数几个国际组织之一，其会员组织分为主权国家和非营利机构；而各专家委员会则接受个人作为志愿成员加入。IUCN 从 20 世纪 80 年代起就在中国开展工作。1996 年外交部代表中国政府加入 IUCN，中国成为国家会员。2003 年成立中国联络处，2012 年正式设立 IUCN 中国代表处。2019 年，经国务院批准，自然资源部成为 IUCN 的国家会员代表。截至 2024 年 8 月，IUCN 官方网站显示，中国已有中国野生动物保护协会、中华环保联合会、中国中医药学会等 13 个中国会员单位。

（二）主要职能

IUCN 的使命是影响、鼓励和协助全人类保护自然的完整性与多样性，并确保公正和生态可持续的自然资源利用。作为世界上规模最大、历史最悠久的全球性自然保护国际组织，IUCN 是世界自然遗产、文化与自然双遗产评估的官方技术支持机构，联合国环境规划署的发起机构，也是《世界自然资源保护大纲》《世界自然宪章》《保护世界文化和自然遗产公约》等纲领性文件和国际公约的发起者、起草者和技术支持机构。IUCN 在自然保护的传统领域处于领先地位，如拯救濒危动植物种、建立国家公园和保护区、评估物种及生态系统的保护并帮助其恢复等。

（三）与国门生物安全相关的规则

目前 IUCN 在自然资源保护方面制定了大量指南、标准和规范等知识产品，制定濒危物种红色名录（Red List of Endangered Species）和全球入侵物种数据库（Global Invasive Species Database，CISD）。

濒危物种红色名录是世界上最全面的全球动植物物种保护状况清单。它使用一套定量标准来评估全球物种的灭绝风险，这些标准适用于世界上大多数物种和所有地区。该名录由 IUCN 物种存续委员会（SSC）及几个物种评估机构合作编制，每年评估数以千计物种的绝种风险，对于收录的每个物种，红色名录提供了物种的生存范围、种群数量、栖息地、趋势、面临的威胁、急需的保护行动等信息，以帮助保护工作者识别需要保护的区域和重要的栖息地，确定未来的保护方向和优先资助事项。迄今为止，超过 11.24 万个物种已被列入濒危物种红色名录。

全球入侵物种数据库（GISD）由 IUCN 物种存续委员会（SSC）的入侵物种专家小组（ISSG）建立，于 1998 年至 2000 年期间开发并持续更新管理，是目前全球入侵物种计划（GISP）领导的全球入侵物种倡议的一部分，涵盖了所有生态系统中从微生物到动植物的所有物种。建立该数据库的目的是方便公众更多地了解外来入侵物种对生物多样性产生的负面影响，以便有效预防和采取防治措施。

三、《国际捕鲸管制公约》及相关规则

（一）组织概况

1946 年在华盛顿签署的《国际捕鲸管制公约》（ICRW）是对捕鲸活动进行管制的国际条约，该公约在 1948 年 11 月生效。截至 2021 年 3 月 30 日，ICRW 共有 89 个成员国，我国从 1980 年 9 月 24 日起成为该公约当事国。

（二）主要要求

ICRW 的宗旨是“谋求适当地保护鲸类并能使捕鲸渔业有秩序地发

展”。公约指出，“为了确保后代能够获取以鲸为代表的丰富自然资源而对鲸存量进行保护符合各国利益，希望根据 1937 年 6 月 8 日在伦敦签订的《国际捕鲸管理协定》和 1938 年 6 月 24 日和 1945 年 11 月 26 日在伦敦签订的该协定的议定书中所规定的原则，建立国家捕鲸管理制度，以保证对鲸类进行适当的、有效的保护和鲸类资源的发展”。捕鲸公约制定的初衷，并非全面禁止商业捕鲸，而是类似渔业管理组织，通过对商业捕鲸实施配额制，从而实现对捕鲸的可持续管理。ICRW 在一定程度上也确实起到了遏制鲸鱼种群灭绝的作用。

（三）与国门生物安全相关的规则

ICRW 赋予委员会对鲸鱼种群进行养护，以及为捕鲸业的有序发展提供可能的双重任务，必要时组织有关鲸和捕鲸的研究和调查，搜集和分析统计资料。委员会定期召开会议，通过有关鲸鱼种群的养护和利用的规章，包括限定受保护和未受保护的鲸的种类，开放和禁止捕鲸的时期、地区，准捕大小的限制，一个渔期内鲸的最大产量，捕鲸所用的渔具、仪器和设备等；缔约方政府应采取执行这些规章的措施，并就任何违反规章的情况向作出报告。

目前，绝大部分野生鲸鱼被列入《濒危野生动植物种国际贸易公约》（CITES）附录Ⅱ。根据 CITES 和我国法律法规规定，进出口濒危野生动植物及其制品，应取得国家濒危物种进出口管理机构出具的允许进出口证明书，海关凭该证书验核并经检疫合格放行；没有证书的，一律禁止贸易、携带、邮寄进出境。

四、《保护野生动物迁徙物种公约》及相关规则

（一）公约概况

《保护野生动物迁徙物种公约》（The Convention on the Conservation of Migratory Species of Wild Animals，CMS），又名《波恩公约》《养护野生动物移栖物种公约》，于 1979 年 6 月 23 日在德国波恩通过，1983 年 12 月 1 日生效。截至 2024 年 8 月，CMS 共有 135 个缔约方，我国尚未加入该公约，但一直通过多种形式参与合作，我国与其秘书处签署了《白鹤保护合作备忘录》，积极开展赛加羚羊等迁徙物种跨国保护行动。

（二）主要要求

CMS 规定，各国必须保护在其管辖范围内或通过其管辖范围的迁徙野生动物物种，鼓励各国为定期越过一个或几个国界的迁徙动物或亚种、任何种群或任何被地理分隔的群体，签订具体的国际协定，以处理有关迁徙物种养护和管理问题。凡属于该物种分布的国家，不论其是否为 CMS 成员，随时都可以加入该协定。协定的目的在于使有关迁徙物种拥有或保持良好的保护状态。协调一致或合作研究、监测及保护行动将比分布国采取的单个措施更加有效、更加经济。

（三）与国门生物安全相关的规则

自我国政府正式提出“一带一路”倡议构想以来，“一带一路”建设得以不断推进和深化，同时共建国家和地区的生态环境问题也受到各方关注，如何确保“一带一路”建设与生态环境保护得到共同贯彻，已成为当今重要话题。CMS 作为联合国的框架公约，在保护生物多样性方面作出了卓越的贡献，搭建起重要的国际合作平台。中国是世界上生物多样性最丰富的国家之一，包括大量迁徙物种，如何保护生物的多样性，除了在可行和适宜的范围内，防止、减少或控制那些致危或可能进一步危害物种的因素，保护栖息地不被干扰外，还要加强外来物种防控，全面提升口岸防控能力，有效防范外来物种入侵，促进经济社会发展和生态保护协调统一。

五、《国际船舶压载水和沉积物控制与管理公约》及相关规则

（一）公约概况

2004 年 2 月，国际海事组织通过了《2004 年国际船舶压载水和沉积物控制与管理公约》（International convention for the control and management of ship’s ballast water and sediments，2004；以下简称《压载水公约》），该公约旨在通过对船舶压载水和沉积物的控制和管理，来减少有害水生生物和病原体的传播。这为全球压载水管理和控制提供了具有国际法律约束力的规定，并对船舶压载水处理系统提出了明确的性能要求。该公约自 2019 年 1 月 22 日起对我国生效。

（二）主要要求

《压载水公约》生效后，这些船舶需持有经主管机关批准的国际压载

水管理证书和压载水管理计划，还需备有一份压载水记录簿，以记录船舶给予压载水的一切相关操作要求。在这些严格的规定下，船舶将被要求管理其压载水，以清除泵吸或者排放压载水和沉积物中的水生生物和病原体，或者使水生生物和病原体变得无害。这将最大限度降低船舶压载水排放引起的外来物种入侵，以及病原体传播导致的环境、人类健康、财产及资源方面损害，是防止有害水生生物和病原体传播方面的一个里程碑。同时还为国际航运业提供一个公平的竞争环境，提供清晰和完善的船上压载水管理标准。

（三）与国门生物安全相关的规则

《压载水公约》由 22 条正文、1 个附则（即《船舶压载水和沉积物控制与管理规则》）和 2 个附录（即附录Ⅰ国际压载水管理证书、附录Ⅱ压载水记录簿）组成。公约第 2 条规定，各当事国承诺充分和全面实施本公约及其附件的各项规定，以便通过船舶压载水和沉积物控制和管理来防止、尽量减少和最终消除有害水生生物和病原体的转移。各当事国承诺鼓励继续制定旨在通过船舶压载水和沉积物控制和管理来防止、尽量减少和最终消除有害水生生物和病原体的转移的压载水管理和标准。

六、国际爱护动物基金会及相关规则

（一）组织概况

国际爱护动物基金会（International Fund For Animal Welfare ，IFAW）是全球最大的非营利性动物福利组织之一，1969 年成立于加拿大，现总部位于美国，主要职责是在全球救助动物个体，保护动物种群和栖息地。2018 年 5 月 9 日，IFAW 宣布成功加入了世界自然保护联盟（IUCN）。加入 IUCN，意味着 IFAW 将和全球 1300 名成员机构一同发声，为构建一个保护动物、尊重动物的世界而努力。

（二）主要职能

IFAW 的宗旨是在全球范围内通过减少对动物的商业剥削和野生动物贸易，保护动物栖息地及救助陷于危机和苦难中的动物，来提高野生动物与伴侣动物的福利，并积极推行人与动物和谐共处的动物福利和保护政策。

（三）与国门生物安全相关的规则

IFAW 为改善动物管理政策、提高动物福利而不懈努力，通过自己的项目和为其他组织提供资助等方式使动物得到直接帮助；通过制止濒危物种非法贸易来避免对野生动物的商业剥削；救助处于自然或人为灾难中的动物并帮助它们重返自然；支持政府机构通过加强立法和执法保护动物。开展公众教育宣传，传播爱护动物、尊重生命以及人与动物和谐共处的理念。

七、《区域全面经济伙伴关系协定》及相关规则

（一）协定概况

《区域全面经济伙伴关系协定》（Regional Comprehensive Economic Partnership，RCEP）最初是东盟国家和中国、日本、韩国、澳大利亚、新西兰、印度在 2011 年 11 月第 19 届东盟峰会上倡导发起的区域性合作架构。2012 年 8 月，“10+6”国家的经济部长一致同意于当年底启动 RCEP 谈判工作。2012 年 11 月第 21 届东盟峰会上，16 国国家元首、政府首脑正式签署 RCEP 框架并宣布谈判开始。历经 8 年漫长艰辛的谈判，2020 年 11 月 15 日，第四次区域 RCEP 领导人会议以视频方式举行，会后东盟 10 国和中国、日本、韩国、澳大利亚、新西兰共 15 个亚太国家正式签署了 RCEP。

（二）主要作用

RCEP 是一个全面、现代、高质量、互利互惠的自贸协定。RCEP 的最重大意义，是促使签署国在 10 年期限内逐步取消相互间绝大多数关税，并对彼此间非关税壁垒作出必要限制。它的签署，令亚太经济区域可以制定统一、互惠的贸易规则，从而有效促进该区域跨国产业链的形成，推动成员国间贸易、服务和投资增长，是新冠疫情后促进“10+5”各国经济恢复的平台。RCEP 将为签署国提供更多相互贸易和投资机会，从而使这些国家在相互促进经济复苏方面处于有利地位。

（三）与国门生物安全相关的规则

RCEP 由序言、20 章正文和 4 个附件组成，其中涉及动植物检疫的是第五章“卫生与植物卫生措施”。第五章共 17 条，包括：定义；目标；范

围；总则；等效性；适应地区条件，包括适应病虫害非疫区和低度流行区的条件；风险分析；审核；认证；进口检查；紧急措施；透明度；合作和能力建设；技术磋商；联络点和主管机关；实施；争端解决。该章制定了为保护人类、动物或植物的生命或健康采取和实施卫生与植物卫生措施的基本框架，同时确保上述措施尽可能不对贸易造成限制，以及在相似条件下缔约方实施的卫生与植物卫生措施不存在不合理的歧视。虽然缔约方已在SPS协定中声明了其权利和义务，但是协定加强了在病虫害非疫区和低度流行区、风险分析、审核、认证、进口检查以及紧急措施等执行的条款。

八、《生物多样性公约》及相关规则

（一）公约概况

《生物多样性公约》（CBD）是保护地球生物资源的国际性公约，于1992年6月1日由联合国环境规划署（UNEP）发起，1992年6月5日，由签约国在巴西里约热内卢举行的联合国环境与发展大会上签署。于1993年12月29日生效。常设秘书处在加拿大的蒙特利尔，截至2023年6月底，共有196个缔约方。CBD缔约方大会是全球履行该公约的最高决策机构，一切有关履行CBD的重大决定都要经过缔约方大会的通过。《卡塔赫纳生物安全议定书》和《关于获取遗传资源和公正公平分享其利用所产生惠益的名古屋议定书》是CBD的补充协定。

（二）主要作用

对于外来生物的入侵，CBD要求缔约方应尽可能并酌情防止引进、控制或消除那些威胁到生态系统、生境或者物种的外来生物，同时要求每一缔约方如遇其管辖或控制下起源的危险，即将或严重危及或损害其他国家管辖的地区内或国家管辖地区范围以外的生物多样性的情况，应立即将此种危险或损害通知可能受影响的国家，并采取行动预防或尽量减轻这种危险或损害。

CBD有三个主要目标，即保护生物多样性、生物多样性组成成分的可持续利用以及以公平合理的方式共享遗传资源的商业利益和其他形式的利用。

（三）与国门生物安全相关的规则

1. 提供指导性原则

CBD 第 8（H）规定：“每一个缔约方将尽可能，预防那些威胁生态系统、生境和物种的外来物种传入，采取控制或铲除措施。”CBD 缔约方大会（COP）要求各方机构就防止、传入和减少外来物种的影响等方面提供指导性原则（第 IV/IC 号决议）。2002 年第六次缔约方大会通过了《指导原则》，提出了在外来入侵物种方面的 15 条原则（2002 年 VI/23 决定），分为一般原则（通则）和预防原则。一般原则包括预防措施（预先防范原则）、三阶段等级措施、生态系统措施、政府（国家）的作用、研究和监测、公众宣传（教育与公众意识）；预防原则包括边境控制和检疫措施，信息交流，合作（包括能力建设）。此外，在减轻外来物种影响方面的措施包括减轻影响、根除、遏制和控制 4 种方式。

2. 责任和义务

CBD 规定，政府承担保护和可持续利用生物多样性的义务，政府必须发展国家生物多样性战略和行动计划，并将这些战略和计划纳入更广泛的国家环境和发展计划中。CBD 的其他义务包括 9 项：识别和监测需要保护的重要的生物多样性组成部分；建立保护区保护生物多样性，同时促进该地区以有利于环境的方式发展；与当地居民合作，修复和恢复生态系统，促进受威胁物种的恢复；在当地居民和社区的参与下，尊重、保护和维护生物多样性可持续利用的传统知识；防止引进威胁生态系统、栖息地物种的外来物种，并予以控制和消灭；控制现代生物技术改变的生物体引起的风险；促进公众的参与，尤其是评价威胁生物多样性的开发项目造成的环境影响；教育公众，提高公众有关生物多样性的重要性和保护必要性的认识；报告缔约方如何实现生物多样性的目标。

3. 与 IPPC 的合作

2001 年起，IPPC 与 CBD 之间在外来入侵物种管理方面的合作日趋紧密，因为 CBD 的“入侵物种”与 IPPC 的“有害生物”在很大程度上是重叠的，这就意味着两者之间对一些问题的处理方式是相同或相似的。为避免重复劳动、减少不同公约之间的冲突，IPPC 与 CBD 两个秘书处之间建立了合作备忘录。《检疫性有害生物的风险分析》（ISPM 11），分别于 2003 年、2004 年增加环境风险和改性活生物体分析相关内容。《有害生物风险分析框架》（ISPM 2），于 2007 年修订后加强了有害生物对环境影响的风险评估。

九、《卡塔赫纳生物安全议定书》及相关规则

（一）议定书概况

2000 年 1 月 29 日，CBD 缔约方大会通过了《卡塔赫纳生物安全议定书》，该议定书于 2003 年 9 月 11 日生效，截至 2023 年 6 月底，共有 173 个缔约方，我国于 2005 年 9 月 6 日正式成为缔约方。该议定书是 CBD 的补充协定，目的是保护生物多样性不受由遗传修饰活体带来的潜在威胁。其具体侧重点为凭借现代生物技术获得的、可能对生物多样性的保护和可持续使用产生不利影响的任何遗传修饰活体的越境转移问题。

（二）主要作用

该议定书的目标是依循《关于环境与发展的里约宣言》原则 15 所订立的预先防范办法，协助确保在安全转移、处理和使用凭借现代生物技术获得的、可能对生物多样性的保护和可持续使用产生不利影响的改性活生物体领域内采取充分的保护措施，同时顾及对人类健康所构成的风险并特别侧重越境转移问题。

（三）与国门生物安全相关的规则

该议定书明确，任何国家（地区）出口遗传修饰活体，必须得到进口国家（地区）的事先同意。进口国家（地区）可以为了避免或尽量降低遗传修饰活体对生物多样性和人类健康的危害，设置进口遗传修饰活体的限制条件，或者在缺少科学的评估而不能确定遗传修饰活体潜在的负面影响时拒绝进口。

第五章

动植物检疫国际规则发展展望

CHAPTER 5

第一节
动物检疫国际规则发展展望

一、世界动物卫生组织第七战略计划（2021—2025年）

自1990年起，WOAH以五年为一个周期，制定战略计划，安排重点工作。每一个五年战略均是在此前战略取得成效的基础上，规划WOAH及成员在未来五年的工作重心。第七战略计划出台的主要背景是随着世界经济一体化的迅猛发展，全球兽医体系面临着重大挑战，具体体现在以下方面。一是社会期望。预计到2050年世界人口对动物蛋白的需求将翻一番，并且新的消费习惯以及日益增加的道德和环境问题都迫切需要建立一个可持续的动物源性食品生产体系，以保障全球生态系统的恢复力和人口生计。二是新技术。过去20年的全球数字和技术变革，极大地改变了社会、商业以及公共政策。生物技术有能力显著改变农业—食品体系，而大数据管理、人工智能和区块链等新技术为兽医体系提供了前所未有的机会。利用这些技术造福社会，同时负责任地使用和获得这些技术，将是提升动物卫生体系有效性的关键。三是贸易管制。全球化贸易带来了许多社会经济利益，但也增加了动物疫病在世界范围内传播的风险，现在比以往任何时候都更有必要制定全球监管办法来保护公共利益，同时限制不必要的贸易障碍，随着人们对监管趋同的期望越来越高，国际组织面临着越来越多的批评，人们认为多边框架所承诺的好处没有得到充分实现，因此更有必要证明基于国际规则体系的价值。四是国家能力和资源。国家兽医体系能力和资源的不平等以及在确保国家和国际动物卫生获得充分投资方面所面临的挑战，继续妨碍着全球动物卫生政策的有效性和可持续性。五是复杂的跨部门问题。动物疫病对全球粮食和食品安全的严重影响，仍然对WOAH的核心使命构成威胁。气候变化对食品生产体系的影响、虫媒传染病的分布或抗微生物药物耐药性带来的威胁等新增问题日益复杂且相互关联，同时使这一威胁更为严重。应对这些问题需要有效的跨部门合作和伙伴关系，特别是国家间的整体政府对策和全球的跨学科合作。

第七战略计划的主要目标是：通过动物卫生和福利法规控制疫病以提高生产力，满足日益增长的动物源性食品需求从而确保全球粮食安全，同时在人兽共患病、食品安全和抗微生物药物耐药性等方面对全球卫生安全和人类福祉作出积极贡献。并且进一步提高人们对兽医体系和 WOAH 在实现联合国可持续发展目标中的认识。第七战略计划确立的 5 个战略重点领域及主要内容如下：

（一）科学专业知识

该领域的目标是利用相关科学专业知识解决多部门动物卫生和福利问题。WOAH 的核心任务是促进和协调国际合作，制定有科学依据的国际动物卫生政策。WOAH 具有独特的地位，通过其成员对其标准和优先处理疫病全球控制策略执行情况的反馈，确定和优先考虑需要进一步发展科学知识的领域。这些知识反过来又为 WOAH 专业知识网络内的能力建设提供信息。

兽医学可能越来越不足以解决眼前的复杂问题，应寻求社会经济或环境证据等补充观点，以实现对紧急问题的全面了解。WOAH 与领先的研究机构、科学联盟以及技术和资源伙伴合作，确保将这些补充信息纳入其决策过程。因此，这些收集的全面的专业知识加强了 WOAH 在应对气候变化等全球挑战时，对实现可持续发展目标的贡献。

一方面要加强 WOAH 自身的科学卓越性，作为监管型机构，WOAH 必须继续根据现有事实提供高质量的分析，继续利用其参考中心网络的高水平专业知识和效能，以维持和提升其成员和合作伙伴的信任，以及 WOAH 的整体有效性、可见性和重要性认可度。另一方面要拓宽 WOAH 对动物卫生体系的处理方式，由于市场日益全球化和生产需求的增加，当代动物卫生体系面临各种复杂的问题，包括社会经济、环境和卫生方面的挑战，必须利用科学知识，制定有效的政策来应对这些挑战。更具体地说，水生和陆生动物卫生和福利政策不能忽视经济影响、气候变化因素和广泛的科学、伦理、法律或文化因素。

（二）数据治理

该领域的目标是通过 WOAH 数据策略实现数字化转型。作为全球动物卫生数据管理者，WOAH 必须确保其数据治理体系对数据资产的安全管理，并支持国际社会访问经过确认的数据集。在这种情况下，可允许使用数据，包括确保与各种外部可信来源数据的兼容性。

一方面要制定 WOAH 数据策略，完善数据管理，鉴于已认识到 WOAH 数据对于利益相关方的价值，将尽最大努力在数据保护和敏感度所要求的范围内，为合法利益相关方提供数据集访问权限。WOAH 将利用新技术（如大数据管理、机器学习和人工智能）开展检测和报告等工作，同时确保仍以质量和可访问性为核心原则。另一方面要提高利益相关方使用数据时的可访问性和可见性。WOAH 将倾向于采用支持动态和用户友好的格式，以优化与利益相关方的沟通和其对数据的访问。提高对 WOAH 所掌握数据的认识，将使利益相关方更好地理解和重视经由 WOAH 工作而生成信息的价值，并能够为其将来的使用提供见解。

（三）响应成员的需求

该领域的目标是通过标准和能力建设推动针对 WOAH 成员高水平的支持工作。WOAH 将继续修订和改进其标准的制定过程，通过在现有最佳证据的基础上提供国际标准和指导原则的方式，更好地支持强化全球的动物卫生体系。WOAH 还将协助加强基于规则的国际体系，以提高这些标准对于更安全贸易方面的价值。同时，该组织将继续发展国家兽医体系的能力，充分利用现有证据的来源，更好地了解复杂动物卫生问题的趋势，并集中开展能力建设活动，以提高成果。

首先，要监控标准的实施。WOAH 将继续确保其国际标准开发框架的有效性，并将在更有条理地监控其执行情况方面取得进展。为此，未来的 WOAH 标准观察站将对成员执行 WOAH 国际标准的情况进行持续、系统的观察和分析。这一过程将有助于持续制定出相关的、符合目的的标准。其次，要改善 PVS 提升程序数据所提供的见解。WOAH 将继续实施更新后的 PVS 提升程序，通过一套针对特定关注领域的备选方案，确保成员的参与。在过去成功经验的基础上，WOAH 将在国家战略规划层面推广使用 PVS 提升程序，并鼓励兽医体系以外层面的参与。再次，要利用 WOAH 的网络最大限度地向成员提供支持。WOAH 将继续为兽医体系推进提供技术咨询、培训和联网的机会，同时完善其培训模式，以更好地利用 WOAH 及其网络的附加价值。

（四）与合作伙伴的合作

该领域的目标是优化与合作伙伴的合作，更好地应对全球挑战。WOAH 通过其活动与各种利益相关方建立了广泛的关联，这对于履行其任务而言至关重要。通过这些关系，WOAH 能继续加深对其使命的认识，并更好地了解其他相关方的观点。这种认识的加深将有助于 WOAH 发展出有效的伙伴关系，其核心原则是作为一个良好的合作伙伴，努力实现期望，并为其伙伴的工作增加价值。

首先，要提高 WOAH 在全球政策对话中的话语权。WOAH 将通过宣传兽医体系在国家和全球卫生治理中的作用，继续促进动物卫生体系在应对未来日益增长需求担忧方面的价值。WOAH 旨在提高其在政治论坛中的知名度，以提高大众对其合法性及其协调全球应对重大卫生挑战方面价值的认识。其次，要针对有影响的目标合作。WOAH 将通过更好地确定和实施战略合作伙伴关系，在有效的利益相关方管理系统的推动下，继续制定其合作战略。WOAH 将进一步发展有能力支持其政策和战略业务执行的行动者网络。这包括将加强与代表私营部门、民间团体的国际协会之间的合作，同时保持本组织的独立性。再次，要进一步提升 WOAH 作为合作伙伴的附加价值。WOAH 必须在机构和运营层面继续发展其品牌认知度。在现有媒体参与的基础上，提高其知名度，并确保利益相关方参与 WOAH 的进程。

（五）效率和敏捷性

该领域的目标是被公认为一个以现代内部流程和工具为支撑的高效和敏捷的组织。将加强内部流程的管理，加大现代化改进力度，从而确保通过有效和高效的业务政策以及充足的资源，充分支持 WOAH 的各项职能发挥。

首先，优化效能和成果管理制。WOAH 将在整个组织及其各项计划中制定出一个监控和评价框架，将战略目标与日常活动联系起来。WOAH 将以健全的预算政策为基础，加强预算执行情况监控，以确保资源得到最佳的利用。WOAH 还将侧重于提高学习经验的能力。其次，审查区域代表机构的业务模式。WOAH 的区域和子区域代表机构（RRs&SRRs）是一项独特的资产，其具有极大的潜力，可以在全球范围内扩大本组织的影响，并推动 WOAH 战略的区域执行。为了最大限度地发挥这一潜力，第七战略计划对 RRs 和 SRRs 的业务模式进行修订，以便更好地界定其角色和责任，并支持本组织效能的提高。再次，建立一个非正式协商机制，以支持 WOAH 战略的实施。该机制将处理不同的议题，并审议来自不同科学学科和社会文化观点的信息，旨在与广泛的利益相关方分享信息并向其学习。最后，促进 WOAH 的社会和环境责任。

二、主要动物检疫国际规则的发展趋势

（一）生物安全引发全球广泛关注

随着全球化进程的不断加快、生物技术的不断进步以及人们生活方式的不断改变，生物安全问题逐步呈现发展复杂化、影响国际化和危害极端化等特点，生物安全形势愈加严峻。外来入侵物种吞噬着人类巨大的经济成果，蚕食着人类的生存空间；生物技术的开发与运用给人类带来伦理观念的混乱与新的恐慌；转基因生物的培育与使用对人类健康、环境安全与生态系统存在着不可预知的潜在风险，这些都是生物安全问题给人类生存带来的巨大挑战。此外，2001 年炭疽事件、2003 年 SARS 疫情、2009 年全球 H1N1 大流行、2012 年中东呼吸综合征疫情、2014 年西非埃博拉疫情、2018 年尼帕疫情以及近年来陆续暴发的高致病性禽流感、非洲猪瘟等动物传染病疫情使全球生物安全问题凸显。生物安全愈发受到各国高度关注，以美国为代表的很多国家已经把生物安全纳入国家战略并基于 WOAH 动物检疫标准，制定完善生物安全相关法律法规，构建生物安全防护体系。

1993 年新西兰颁布了《生物安全法》，这是世界上第一部有关生物安全方面的立法，旨在防止侵袭性物种的无意引入以及它们在国内的传播。《生物安全法》为所有可能带来生物安全威胁的引入活动制定标准、通过边境监控来控制物品穿越边境的通道以及要求入境后检疫。对于已经在新西兰栖居的侵袭性物种，《生物安全法》提议要么清除该物种，要么通过在地区和国家两级实施有害物管理战略来对该物种进行持续管理。此外，1996 年制定的规制外来物种有意引入的《危险物质和新生物体法》，1999 年制定的旨在管理动物原料和产品的生产与加工使之对人类或动物的健康带来的风险最小化的《动物产品法》，以及 2003 年通过的旨在强化转基因管理有关的《新型生物体与其他事项法案》等，共同构成了新西兰独特而

先进的生物安全体系的法规基石。

2016 年澳大利亚颁布了《生物安全法》，该法的管理对象包括所有可能损害人类、动植物或环境安全健康的疫病或有害生物，具体管理范围包括对可能携带疫病人员的管理、可能携带疫病的货物的管理、可能携带疫病的运输工具的管理、船舶压舱水和沉淀物的管理、澳大利亚境内有害生物的管理、从事生物安全活动人员的管理、生物安全突发事件的管理等。

2018 年美国发布《国家生物防御战略》，该战略基于生物风险管理的基本思路，明确提出了生物防御的 5 大类共 23 个具体目标，其中提出采用多学科方法有助于预防疾病发生。人、动植物与环境相互影响，对于早期预防和发现传染病的跨物种交叉传播非常重要。

2019 年 WOAH 第 87 届大会上水生动物卫生标准委员会工作报告中新增了生物安全章节，更加突出强制性报告确诊或疑似疫病，成员应具备早期检测系统，防止疾病传播的途径不单是进口要求，还包括传入、内部传播和传出。

我国在 2000 年发布了《中国国家生物安全框架》，为国家生物安全法治体系建设提供了政策指南。2021 年 4 月 15 日正式实施《生物安全法》，这是我国生物安全领域的一部基础性、综合性、系统性、统领性法律，它的颁布和实施具有里程碑意义，标志着我国生物安全进入依法治理的新阶段。这部法律的出台，在生物安全领域形成国家生物安全战略、法律、政策“三位一体”的生物安全风险防控和治理体系，强化了防控重大传染病和动植物疫情的法律制度，集中体现“以人为本”的立法原则，让生物技术发展更好地服务于国家发展、人民幸福、人类文明进步。

（二）“同一健康” 理念深入人心

某些动物疾病如禽流感、狂犬病、裂谷热等，可传播给人类，给全球的公共卫生造成威胁。而某些人类传染病，如近年在非洲流行的埃博拉病毒，也可在动物间传播或将动物作为其储存宿主，然后在人群中引起流行。伴随着全球化进程加快、气候变化和日益频繁的人类活动等，此类风险日趋严重，使得病原有更多的机会在新的地域滋生或演化为新的种类。据估计，导致人类疾病的病原体 60%来自家畜或野生动物，75%的人类新发传染病源自动物。

人兽共患病的病原可在人类与动物之间互相传播，控制其动物源头是最为有效和经济的方法，也是保护人类免受其危害的最佳途径。要保护公共卫生健康，就必须制定全球的预防和控制策略，应协调人类—动物—生态之间的关系，并通过政策法规等方式，在国家范围、区域范围和全球范围推广应用。鉴于此，WOAH 于 2000 年年初提出“同一健康”的理念，其中心内涵是：人和动物的健康是相互依存的，并与它们共同生活的生态系统的健康密不可分。自该理念提出以来，WOAH 不断对其内涵和外延进行完善，并致力于应用这一理念作为解决实际问题的原则，如将人和动物（包括家畜和野生动物）的健康与生态健康作为一个整体而进行风险研判等。WOAH 确立并发表有关“同一健康”的政府间标准，建立了全球动物卫生信息系统以及专家和项目的信息系统，旨在强化兽医系统的服务能力。

为应对未来的健康风险挑战，协调致力于维护人类—动物—生态健康的各方至关重要。因此，WHO、FAO 和 WOAH 多年来一直在共同努力，预防和控制人类—动物—生态层面的健康风险。自 2010 年发布三方联合概念声明，2017 年发布三方战略文件后，2018 年三方又正式签署了《谅解备忘录》，旨在进一步加强联合行动，共同应对与人类、动物和环境相关的健康威胁。此外，三方联盟在 2021 年 3 月与联合国环境规划署共同发起呼吁组建“同一健康高级别专家小组”，同年 5 月，26 名专家被任命为“同一健康高级别专家小组”成员，他们的职责是就“同一健康”相关事项提供指导，支持加强各国政府间合作。可以预见，围绕“同一健康”主题的全球战略和工具将会愈加完善和丰富，以确保在全世界采取协调一致做法，并在国家和国际层面更好地协调人类医疗、兽医和环境卫生政策。

（三）区域化措施更好地促进了贸易开展

受气候变化、国际贸易等因素影响，动物疾病传播和流行也表现出一些新的趋势，区域化问题也成为 SPS 协定关注的重要问题。

1995 年 SPS 协定提出区域化原则，1995 年 WOAH 首先对口蹄疫进行区域化认可；1998 年，WOAH 根据 WTO 赋予的权利，在《国际动物卫生法典》中提出了建立和认证无疫区的一系列规定，赋予了非疫区在国际贸易中的优惠待遇。2000 年区域化应用于牛瘟认可；2003 年应用于牛传染性胸膜肺炎认可；2004 年应用于牛海绵状脑病风险状态的认可；2012 年应用于非洲马瘟认可。

2004 年，《国际动物卫生法典》改为《陆生动物卫生法典》，随着该法典的修订，疫病区域化的规定也在不断发展和完善。美国、南非、澳大利亚、墨西哥、中国等国家开展了猪瘟、新城疫、牛副结核等重大动物疫病的区划建设。

2024 年 WOAH 第 91 届大会认可了 68 个成员的口蹄疫无疫状态，29 个成员的牛肺疫无疫状态，53 个成员的疯牛病可忽略风险状态，71 个成员的非洲马瘟无疫状态，60 个成员的小反刍兽疫无疫状态，37 个成员的古典猪瘟无疫状态。

近年来，国际社会对区域化的关注度越来越高，美国、欧亚经济联盟（成员包括俄罗斯、哈萨克斯坦、白俄罗斯、吉尔吉斯斯坦和亚美尼亚）等均发布了区域化相关的 SPS 通报。以禽流感这种具有高度传染性的病毒性禽类疾病为例，在过去 10 年中有 60 多个出口成员受到进口成员因禽流感暴发而实施临时限制措施的影响，尽管 WOAH 制定了承认区域化或分区原则的标准，避免局部疫病对无疫区贸易造成干扰，但针对出口成员整个领土的进口限制措施所占比例仍然较高。自 2010 年以来，对区域化原则缺乏承认占 SPS 例会提出的具体贸易问题的三分之一。在 2016—2020 年的 SPS 例会上，欧盟和美国均就禽流感区域化控制问题持续提出贸易关注。由此可见，动物疫病疫情区域化管理已经成为各国（地区）防控重大动物疫病，提高动物及其产品国际竞争力的重要策略。

（四）动物福利制度日趋完善

在畜禽养殖业快速发展、国际贸易进程加快的大背景下，动物福利逐渐成为越来越多国家（地区）关注的焦点。福利养殖不仅关系人类健康与环境友好，更对畜禽养殖业的健康发展产生深远影响。WOAH 常设的 4 个工作组中的动物福利工作组，自 2002 年成立以来，专门负责协调和管理 WOAH 有关动物福利方面的工作，并就动物福利工作涉及的范围、重点和操作方法提出建议。WOAH 关于动物福利的第一个标准分别于 2004 年和 2008 年在《陆生动物卫生法典》和《水生动物卫生法典》中公布，涉及动物运输、动物屠宰和为控制疾病而进行的宰杀，随后，对在研究试验和/或教学用动物、控制流浪狗的数量和工作用马属动物等方面都制定了相应标准。截至 2019 年年底，WOAH 已经制定了动物福利总则以及包括牛肉、奶牛、肉鸡和猪的生产体系在内的 14 个标准，涵盖了陆生动物和水生动物。2017 年 5 月，WOAH 所有成员通过了第一个全球动物福利战略，该战略包括建立动物福利标准，能力建设和教育，与政府、机构、公众团体的沟通，实施动物福利标准和政策四大部分。

2011 年 7 月，澳大利亚推出活动物出口商供应链保证系统（ESCAS），以提升动物福利标准。该系统包括动物福利、从农场到进口国家（地区）全链条的控制、全链条的可追溯性（牛和羊的追溯要求不同）和独立审核四项原则。此方法首先用于向印度尼西亚出口饲养用和屠宰用牛，后来扩展到所有出口动物以及进口的国家（地区）。2016 年澳大利亚塔斯马尼亚州颁布了《动物福利（犬类）条例》等诸多政策法规。

在英国、澳大利亚、西班牙等发达国家，近年来立法对羽绒羽毛生产，从动物养殖到屠宰再到羽绒羽毛收集，均提出明确的动物福利要求。

欧盟食品链和动物健康常设委员会（SCFCAH）分为 8 个组，其中有一组专门负责动物福利。欧盟（EC）No 882/2004 法规（确保对食品饲料法以及动物卫生与动物福利法规遵循情况进行验证的官方控制）是一部侧重对食品与饲料、动物健康与福利等法律实施监管的条例。

WOAH 动物福利标准尽管不被 SPS 协定承认，但其作为 WOAH 代表大会通过的以科学为基础的国际标准，仍然是国际公认的动物福利标准，并且在逐步完善统一。

（五）技术性贸易措施应用普遍

技术性贸易措施通常以技术法规、标准和合格评定形式体现在所有双边、多边国际贸易规则中，如 SPS 协定、RCEP（第 6 章）、《全面与进步跨太平洋伙伴关系协定》（简称 CPTPP 协定，第 8 章）等。技术性贸易措施以其合法性、灵活性和隐蔽性等为特征，在目前双边和区域贸易协定中绝大部分货物贸易关税降为零的情况下，成为各国（地区）保护产业利益的重要手段，已成为国际贸易规则中令人瞩目的焦点。由于发达经济体和新兴经济体之间的诉求难以平衡，WTO 改革举步维艰，国际经贸规则趋向多元化和区域化发展，贸易规则关注点由边境向边境后措施深度扩展，技术法规、标准和合格评定作为技术性贸易措施的作用更加凸显；国际贸易规则水平越高，对技术法规、标准和合格评定的国际标准遵循度要求越高。

近年来，WTO 成员每年新制修订的技术性贸易措施呈快速增加趋势，从2010年的1581项SPS措施，到2020年的2367项SPS措施，增长近1.5倍。各成员不断提高其技术性贸易措施要求，特别是发达成员依托其技术优势，门槛越设越高，对产业造成巨大影响。如澳大利亚2006年年底公布的进口生虾及其产品的风险评估报告《G/SPS/N/AUS/204》，拟对进口生虾采取限制措施，包括：仅从无病毒国家和地区进口虾及其制品；进口虾必须去除头和壳，对所有进口虾强制进行对虾白斑综合征病毒（WSSV）、黄头病毒（YHV）等疫病检测；要求生虾必须进行深度加工，如再烹煮生虾，必须采取严格的检疫措施。之后，针对所有的进口生虾，澳大利亚一直维持着极其苛刻的检疫标准，如2017年发布《G/SPS/N/AUS/412》号通报，因对虾白斑综合征病毒造成了无法接受的生物安全风险，暂停了除新喀里多尼亚外的所有国家和地区生虾进口，为期6个月，并且鉴于生物安全风险防控的紧急性，未设置征询环节。此后，澳大利亚又相继通报一系列追加部分修改内容和紧急措施补遗，2020年又发布《G/SPS/N/AUS/495》号通报，拟对所有进口的供人类食用的生虾及其产品采取临时性措施，要求必须去除肠线（直至虾的最后一节壳段），以将虾肝肠胞虫（EHP）的生物安全风险降低至适当保护水平等。这些标准在保护本国生物安全的同时，也有效地限制了国外动植物产品的大量进入。以对我国影响为例，澳大利亚的系列技术性贸易措施对虾类养殖和加工出口业带来严重冲击。2020年第一季度，仅湛江关区输澳生虾产品同比减少32.3%，包括饲料、养殖、产品生产等产业链面临发展困境，部分企业被迫停工濒临破产。

此外，成员间技术性贸易措施的互相效仿现象越来越普遍。发达国家和地区出台的技术性贸易措施，刚开始在WTO往往会遇到强烈挑战，受到许多成员质疑，但经过一段时间之后，会有越来越多的成员效仿。如日本在2006年实施农药残留“肯定列表制度”后，欧盟于2008年实施类似制度，韩国也积极跟随。这个趋势导致世界范围内的壁垒门槛整体水涨船高，不仅发达国家善用技术性贸易措施，越来越多的发展中国家也开始主动应用技术性贸易措施手段来调控进口，频繁制修订相关措施。根据WTO通报，近年来发展中国家新出台的技术性贸易措施数量已经远远超过发达国家，呈现明显的上升趋势。

从更高层面而言，当今世界国际竞争的核心是规则之争，作为国际货物贸易的核心规则，如果哪个国家掌握了技术性贸易措施的话语权，就能在国际贸易和产业体系中占据主动；反之，“落后就要挨打”，处处受制于人。因此，技术性贸易措施领域也被各国广泛视为聚焦贸易摩擦，打造争夺国际话语权的新阵地而备受关注。

三、对我国适应动物检疫国际规则的建议

（一）切实做好发展规划

海关动物检疫肩负着防范动物疫情疫病跨境传播和外来物种入侵，保护国家农林牧渔业生产安全、生态环境安全和人民群众生命健康安全，保障农产品安全进出口和服务外交外贸的重要职责。新形势下海关动物检疫工作要深入贯彻习近平生态文明思想，坚决贯彻习近平总书记关于加强国家生物安全风险防控和治理体系建设重要指示精神，全面深化改革开放，贯彻总体国家安全观，统筹发展和安全，坚持人与自然和谐共生，坚持系统观念、风险意识和底线思维，立足新发展阶段，完整、准确、全面贯彻新发展理念，服务构建新发展格局，推动高质量发展。全面落实建设社会主义现代化海关的总体要求，深化海关动物检疫业务改革，深化风险防控一体化理念，建立完善协同高效的国门生物安全防控工作机制，推进海关动物检疫制度体系和治理能力现代化，切实筑牢口岸检疫防线，维护国门生物安全，为服务经济社会高质量发展、实现更高水平对外开放作出更大贡献。

新形势下，海关规划要不断完善动物检疫制度体系，坚持科学管控，充分发挥海关动物检疫技术优势，高效运用风险管理理念，完善风险分析评估机制，加强国际标准研究应用，实现动物检疫工作科学精准、有力高效，筑牢口岸检疫防线，确保国家经济安全和人民健康安全；要实施创新驱动发展战略，增强改革意识，坚持系统观念，推动新时代海关动物检疫理论、制度、技术全方位改革创新；要全面加强数字化、标准化、智慧化建设，不断提升贸易便利化水平，服务建设更高水平开放型经济新体制；要坚持合作共治，坚持“同一世界、同一健康”，秉持“共商共建共享”的全球跨境动植物疫情防控共治理念，深化对外合作，协同构建重大动物疫情疫病和外来入侵物种防控的全球共治新格局，推动共建“一带一路”高质量发展，服务构建人类命运共同体。

（二）健全法律法规体系

经过多年的发展，我国进出境动物检疫形成了由“法”“条例”“部门规章和双（多）边协议”三个层级组成的法律法规体系。其中由全国人民代表大会批准颁布实施的《中华人民共和国进出境动植物检疫法》是进出境动物检疫工作最为重要的法律依据，该法明确规定了进境动物检疫工作程序和法律责任等；由国务院批准颁布实施的“条例”，包括《中华人民共和国进出境动植物检疫法实施条例》《重大动物疫情应急条例》等是“法”在执行层面的细化和补充；由主管部门发布或签署的部门规章和双（多）边协议，包括我国先后与60多个国家或地区签订约500份进出境动物检疫议定书或双边协议是“条例”和“法”的进一步补充。

但是我国的动物卫生立法起步较晚，进出境动物检疫法律体系存在诸多不足之处。现行的进出境动物检疫法律体系的构建原则存在以下突出问题：对动物及其产品生产全过程的动物卫生监督尚无完善的法律规定；检疫监管体系等效应用不足；检疫立法活动中风险分析未贯穿始终、风险分析活动的基础作用不突出，风险分析技术不高，运用不够全面，基础性作用不突出；进境动物产品的检疫准入程序在法律中无明确规定，相关的程序性要求以规范性文件发布，缺乏权威性。

针对上述问题，我国需要进一步完善相关法律法规体系，一方面合理利用国际规则下各项规则和制度，另一方面从实用角度考虑，确保检疫法律条款的兜底作用，为国家制定和实施特定的动物检疫措施提供法律支持来进行加强制度创新，加快修订《中华人民共和国进出境动植物检疫法》，与新发布的《生物安全法》《中华人民共和国动物防疫法》做好衔接，做好《生物安全法》《中华人民共和国动物防疫法》等相关法律法规配套海关规章、规范性文件及制度的制修订工作。制定进出境生物材料管理办法，进一步完善进出境生物资源安全管理要求；研究进出境生物安全事项及活动的生物安全审查范围，制定进境动物及动物产品生物安全和物种资源安全审查管理规范；制定进境预检改革措施，坚持和完善境外预检制度，促进优质种质资源等引进。同时梳理完善现有的规章制度，重点完善和创建检疫准入制度、风险分析制度、风险预警制度、检疫标准体系、无疫区制度和处罚制度等检疫制度，从而形成更为科学高效的新海关国门生物安全监管制度，构建完善具有中国特色的进出境动物检疫法律体系，以适应新形势下国门生物安全防控需要，保障人的安全和国门生物安全，从而促进社会经济和谐发展。

（三）用好技术贸易措施规则

SPS 协定作为 WTO 项下规范动植物检疫措施的重要协定，随着关税壁垒大幅度降低，非关税壁垒日趋加强，其重要性愈发凸显。动植物检疫措施作为一项重要的非关税壁垒被某些国家日渐滥用，成为阻碍国际贸易正常发展的主要因素，对动物及动物产品的国际贸易产生重大影响。我国的动物卫生立法起步较晚，动物卫生法律制度尚不健全。国外的动物卫生立法起步比我国要早，发展速度也比较快，并且已经按照 SPS 协定的规则形成了秩序。特别是一些畜牧业发达国家，基本上都是 WTO 的成员，它们在动物饲养、经营和动物产品的生产、经营和贸易中，严格按照 SPS 协定的规则，将“从农场到餐桌”的全过程监控作为动物卫生管理的主要手段和措施，并依据 SPS 协定的规则，通过动物卫生立法来提高本国的动物产品卫生质量，从而确保它们在国际市场上的竞争力。同时，它们也充分利用 SPS 协定的实施机制，通过动物卫生立法确定动物卫生保护水平，从而达到保护本国畜牧业的目的。

我国是部分动物及产品的生产大国，但出口规模不大，制约因素有多种，但是动物检验检疫法律法规和标准与程序的不够健全、监管工作不完善等是重要因素。面对日趋加快的全球经济一体化形势，我国既面临着动物卫生措施与国际惯例接轨尽快提高畜产品动物卫生质量，使我国大量的动物及动物产品顺利地进入国际市场的问题，也面临着如何充分利用 SPS 协定规则，确定我国适当的动物卫生保护水平，制定必要的动物卫生措施阻止国外动物产品向国内市场倾销，从而保护我国畜牧业健康发展的问题。因此，用好技术性贸易措施显得尤为迫切和重要。

为了全面而又正确地实施 SPS 协定，享受协定规定的权利，履行协定规定的义务，同时为实现中国的动物卫生工作与国际社会的良好对接，我们必须进一步加强兽医管理体制改革；逐步完善动物卫生法律法规体系和技术标准体系；增强重大动物疫病防控能力；加强国家实验室体系建设；广泛开展进口动物与动物产品风险分析工作；逐步建立紧急动物疫病反应体系；同时还要转变观念，将动物福利纳入兽医卫生工作的范畴之中。

（四）深入参与国际规则，贡献中国智慧

当代动物检疫的主要国际规则和制度是由发达国家极力倡导的，虽然国际规则的制定过程也涉及了多边谈判，但发达国家凭借着其在知识上和谈判中的实力，在具体规则的内容制定中处于绝对优势地位，这就导致国际规则与它们的国内规则和国内实践相近，可使其在国际交往中减少规则适应和体制切换的成本，享有“规则红利”。我国自加入WTO以来，更加深刻认识到这方面的不足，高度重视并深度参与国际规则制修订工作，正在努力从跟跑者角色向领跑者角色转变。

1. 深化与国际组织的交流与合作。积极参加WTO/SPS、WOAH、IPPC、CBD等国际组织的各项活动。认真落实中国—东盟（10+1）、上合组织、金砖国家、RCEP、《中欧投资协定》等双多边合作机制涉及的动物检疫工作，优化口岸营商环境。优化中东欧国家农产品输华准入评估程序，推动加快优质农产品准入进程。在国际规则制修订、SPS通报评议、贸易关注磋商与应对等活动中彰显责任和担当；切实履行国际条约规定的义务，推进完善全球生物安全治理体系。

2. 强化技术性贸易措施支撑。进一步强化技术性贸易措施研究与应用。建立跨部门、多领域共同参与的国家技术贸易措施协作机制。充分发挥WTO/SPS国际磋商协调作用，加强对主要贸易伙伴、共建“一带一路”国家（地区）重要技术法规、标准的跟踪、研究、评议、预警，协调解决贸易限制，及时提出我国的立场和主张，加强官方评议工作，拓宽动物和动物产品贸易调控空间，维护国内产业利益；加强技术性贸易措施影响评估、趋势预判、监测预警、通报评议等基础支撑技术研究，加强对WTO等国际组织及公约的规则研究，提升运用规则维护国家安全和发展利益的能力，提高我国参与国际动物卫生和授予公共卫生标准制定的能力，不断增强话语权，进一步加大动物产品贸易谈判和国际规则标准制定的参与力度。

3. 主动服务“一带一路”建设。深化与共建“一带一路”国家（地区）多双边动物检疫合作，加强信息共享与技术交流，解决彼此贸易关注，强化境外官方监管责任和企业主体责任，扩大共建“一带一路”国家（地区）农产品检疫准入，平衡农产品贸易；加大发展中国家（地区）动物检疫人员技术交流培训力度，推进对检疫基础薄弱国家（地区）动物检

疫实验室援建，努力实现动物检疫合作领域政策沟通、贸易畅通；加强同毗邻国家（地区）的多双边交流合作，探索建立国际动物疫情和外来入侵物种联合监测预警机制，稳妥推进非洲猪瘟和口蹄疫区域化管理合作，探索推行禽流感区域化和生物安全隔离区划管理。

4. 加强兽医人才培养。人才是第一资源，把人才队伍建设摆在重要位置，依托海关专业技术类公务员分类管理改革，打造高素质的动植物检疫队伍。实施“123”人才工程战略，打造以国际人才为标杆、学科带头人为引领、基层技术骨干为支撑的人才队伍；建立激励保障机制，加强人才培养，选派中青年专家到国内国际专业机构进行中长期培训和技术交流，通过多种方式培养造就一支结构优化、素质优良的国际事务人才队伍。推荐优秀人才到国际组织任职、交流，拓展我国海关参与国际组织专业活动的广度与深度，进一步完善我国兽医法律法规和体制机制，促进我国兽医工作与国际接轨，提高我国兽医工作能力和动物卫生水平，为有效开展兽医领域国际交流合作工作，促进我国兽医事业发展，向国际领先水平迈进奠定人才基础。

（五）发挥技术贸易措施在服务外贸发展中的作用

一是助推产业转型升级。一方面通过加强对国际规则以及国外技术性贸易措施的研究，可以借鉴其先进理念，引导转型升级。发达国家制定的技术性贸易措施，往往蕴含大量先进技术和管理经验，为我国产业转型升级提供了良好借鉴样本。另一方面是形成倒逼机制，促进产业升级。标准、法规、合格评定程序这些技术性措施是市场准入的门槛，是推动技术进步的“硬约束”。通过提高标准、检验检测认证要求等方式，可以促使相关企业提升技术工艺和管理水平，带动产业提质升级。

二是助推外贸出口。合理运用技术性贸易措施规则，有助于提高透明度和预见性，增进互信，减少对正常贸易的阻碍。在农产品食品方面，我国与全球良好农业规范组织、全球食品安全倡议组织签订了 HACCP 认证、GAP 认证等互认协议，惠及三分之一的出口食品企业。这些认证被誉为国际市场的通行证。

三是为我国产业提供必要的保护。WTO 协定规定各国可以基于合理产业保护的目的而设置临时的技术性措施，这等于为国内产业安上了“稳压器”，避免受到严重冲击，为产业升级争取时间。

第二节
植物检疫国际规则发展展望

一、《国际植物保护公约》2020—2030 年战略框架

为应对食品、农林产品全球贸易量日益增长和贸易品种日益多样化以及客运和货运规模、速度不断提升带来的新挑战，国家植保机构和植物检疫措施委员会从 2014 年开始着手制定 2020—2030 年战略框架，经过多次讨论后于 2021 年通过该框架。该框架为未来十年的重点工作以及植物检疫方向指明了道路，框架包括 IPPC 的战略宗旨、愿景和目标，并介绍推动实现各目标需要开展的工作，包括三项核心活动、三项战略目标以及八项发展规划等。

（一）三项核心活动

三项核心活动包括标准制定、实施和能力发展、交流宣传和国际合作。

（二）三项战略目标

目标 A——加强全球粮食安全，提高可持续农业生产率。此项目标旨在减少有害生物在国际上的传播，因为一旦新的有害生物传入新的地区或传给新的作物，它所造成的损失可能比在特定地区内发生地方性有害生物更加严重。植物有害生物对粮食安全造成的影响在发展中国家尤为明显，因为这些国家的植物卫生监管框架往往存在能力不足问题。如能减轻有害生物的传播，改进有害生物管理，就能提高作物生产率，降低生产成本。

目标 B——保护环境免受植物有害生物影响。属于外来入侵物种的植物有害生物可能会给陆地、海洋和淡水环境、农业和森林造成严重的破坏性影响。目标 B 在应对与植物生物多样性相关的环境关切以及与作为外来入侵物种的植物有害生物和气候变化影响相关的新问题。

目标 C——促进安全贸易、发展和经济增长。

（三）2020—2030 年八项发展规划

1. 电子数据交换的协调统一。建立全球电子植物检疫证书相关信息生成和交换系统，2030 年预期在全球电子植物检疫证书相关信息生成和交换系统全面运行，并纳入国家层面单一贸易窗口。该系统由一个可持续的商务模式支撑，并自筹资金。在全球范围大力推动该系统在所有国家得以采用。该系统发挥的作用包括加强和简化植物和植物产品贸易，降低交易成本，加快合规产品的审批过程，消除假冒行为。

2. 针对特定商品或途径的国际植物检疫措施标准。针对特定商品或途径制定国际植物检疫措施标准，并附带诊断规程、植物检疫处理方法和指导意见。2030 年预期成果：已针对特定商品和途径通过并实施了多项国际植物检疫措施标准，同时按要求附带诊断规程和植物检疫处理方法，为标准的实施提供支持。这些标准为国家植保机构提供了协调统一的植物检疫措施，为他们的有害生物风险分析活动和进口监管体系提供支持，或用于确立出口型生产体系。这有助于简化贸易流程，加快市场准入相关谈判。

3. 对电子商务和邮寄及快递途径的管理。开展协调一致的国际行动，应对有害生物和有害生物寄主材料通过电子商务和邮寄及快递途径传播的问题。2030 年预期成果：通过协调一致的国际行动，大幅减少有害生物和有害生物寄主材料通过电子商务和邮寄及快递途径的传播。通过网络贸易购买并通过快递途径运输的少量高风险植物材料均来自经过植物卫生授权认证的出口计划，并与其他边境机构、国际邮政和快递服务机构合作，对合规情况进行跟踪。

4. 制定关于使用第三方实体的指导意见。推动利用第三方实体完成处理或检验等植物检疫工作。2030 年预期成果：希望利用第三方实体的国家将获得协调统一的资源，利用必要的管理流程和管控措施帮助它们有效实现这一目的。通过和实施相关标准，指导各国就利用第三方实体完成处理、检验和有害生物诊断等各种植物检疫工作。标准应确保各国政府在做出此项选择时，能继续按照同样的标准和植物检疫安全要求完成相关工作。

5. 强化有害生物暴发预警和应对系统。建立一个全球有害生物暴发预警和应对系统，通报新发有害生物风险，便于各国积极调整本国的植物检疫系统，减轻传入风险，同时加强国家和区域层面有效应对有害生物暴发（包括新传入）的能力。2030 年预期成果：建立一个全球有害生物预警系统，附设相关机制，对新发有害生物风险进行评价和宣传，以便定期向国家植保机构提供有关世界各地有害生物现状变化情况的信息。国家植保机构利用这些信息快速调整本国的植物检疫系统，以减轻传入和扩散风险。一旦出现暴发，经过强化的有害生物暴发应对系统和工具能够帮助各国更及时地采取行动，尤其是针对有害生物的传入。国家植保机构、区域植保组织和联合国粮农组织已开展合作，着手制定和推出一个全面而简便易用的工具包，帮助各国快速有效做出应对。区域植保组织在协助国家植保机构的过程中发挥积极作用，并对本区域各地的应对工作进行协调。

6. 评估和管理气候变化给植物卫生带来的影响。启动一项工作计划，对气候变化给植物卫生以及植物、植物产品国际贸易带来的影响进行评估和管理。2030 年预期成果：对气候变化给植物卫生以及植物、植物产品安全贸易带来的影响进行评价，尤其涉及有害生物风险评估和有害生物风险管理事项，将植物检疫问题纳入政府间气候变化专门委员会的国际气候变化相关讨论中。

7. 协调全球植物检疫研究工作。建立全球植物检疫研究协调自愿机制，以加快科学发展，为所有监管性植物检疫活动提供支持。2030 年预期成果：对国际植物检疫研究结构和政策进行一次分析，探讨植物检疫研究的国际协调工作能在多大程度上帮助各国避免在研究活动中出现重复工作，并对研究资源进行最高效、最有效利用。探讨是否有可能建立一个国际植物检疫研究合作机构，并酌情确立其结构。

8. 建立诊断实验室网络。创建诊断实验室服务网络，确立诊断规程，帮助各国更可靠、更及时地发现有害生物。2030 年预期成果：建立一个诊断实验室服务网络，提供可靠、及时的有害生物检测服务。将具备强大诊断能力的国家实验室正式认定为各区域或全球各地提供可靠服务的机构，减少所有国家重复建设此类实验室的必要性。

在 2020—2030 年战略框架中，考虑到科学和能力发展方面的进步，如遥感技术将对植物检疫相关活动产生重大影响，与减缓气候变化相关的活动同样也会对农业和植物检疫产生影响。该框架为未来十年植物检疫工作做好了未来规划，提出了国际植物检疫未来发展方向。

二、国际植物检疫未来发展方向

（一）植物检疫范围逐渐扩大

随着全球植物和植物产品贸易量增大，传统的植物检疫所关注的是有害生物随植物和植物产品传播的风险，但随着贸易量的不断扩大，植物检疫的内涵进一步丰富、外延进一步扩大。从内涵上看，植物检疫从最初主要关注危害农林业生产安全的植物有害生物，逐步拓展到对生态环境安全和生物多样性造成重大威胁的生物入侵检疫防范等。从外延来看，植物检疫的查验范围，从传统的植物及植物产品，逐步扩展到运输工具、包装物和铺垫材料、集装箱、旅客携带物和邮寄物。近年来，又进一步延伸到所有可能携带植物有害生物的特殊物品，如进口矿砂、废物原料、船舶压舱水等。这几年世界各国家开始关注集装箱携带、压舱水等一些交通工具等携带的风险。IPPC 规定：除了植物和植物产品之外，各缔约方可酌情将仓储地、包装材料、运输工具、集装箱、土壤和可能藏带或传播有害生物的其他生物、物品或材料列入本公约的规定范围之内，在涉及国际运输的情况下尤其如此。

近几年 IPPC 拟制定关于污染性有害生物的标准，说明除传统贸易关注的有害生物外，交通工具等携带的有害生物也成为关注的重点。2008 年开始，IPPC 一直致力于制定海运集装箱的国际标准，海运集装箱的植物检疫风险显而易见，每时每刻均会从集装箱上截获大量的植物有害生物、外来物种以及各种污染物。海运集装箱的标准已经取得了实质进展，但在标准制定过程中，涉及各利益相关方的关注，标准制定的下一步工作就是解决各方关切的问题，增加标准的实用性。压舱水是船舶为控制吃水、纵倾、横倾、稳性或应力而装上船的水。由于其易携带有害水生物种和病原体跨区域传播，已被联合国环境规划署确定为全球海洋四大危害之一。压舱水可能携带多种有害水生物种和病原体，具有极高的生物安全风险。曾经有国家提出要对压舱水进行风险分析等。全球大约 80% 的货物经船舶运输，而全球每年约 100 亿吨压舱水随船只在异地口岸排放。对于空载船舶携带压舱水进行卫生处理及检疫监管已引起国内各口岸足够的重视。

可以看出，传统植物检疫的范围在逐渐扩大，除了关注货物本身携带的有害生物外，还需要关注污染性有害生物随着货物或交通工具的运输、海运集装箱传带的风险以及压舱水携带的风险等。

（二）加强关注电子商务等新业态带来的植物检疫风险

通过互联网销售（电子商务）和通过快递邮寄服务销售的植物、植物产品、有害生物在近年内出现大幅增长，电子商务推动了商品贸易数量和多样化的不断提升，同时也刺激了贸易数量的增长和贸易速率的提升。电子商务的交易商品种类比传统业态更加多元丰富，包括大量动植物产品，这推动检疫通关手续得到了简化，提高了效率，但也带来了很多问题，如有害生物跨境传播风险，有害生物随着跨境电商的植物产品在随邮件、快件寄递进境过程中逃脱监管的问题。随着植物、植物产品和限定物的互联网交易量不断扩大，有害生物传播风险日益增大，各成员边境监管部门面临着严峻的挑战。

2014 年 IPPC 大会上通过了关于加强对跨境电子商务渠道植物产品检疫监管的官方建议，建议进一步制定国际统一的寄递进境植物及其产品监管措施标准，对各国所应开展的工作作出明确的规定。IPPC 与世界海关组织（WCO）等国际组织开展合作，防止与植物检疫部门面临类似问题的濒危物种贸易，也有助于建立一个更广泛、更高效的国际体系，开展协调一致的国际行动，应对有害生物和有害生物寄主材料通过电子商务和邮寄、快递途径传播的问题。建立 IPPC 与《濒危野生动植物种国际贸易公约》（CITES）、WCO 之间的合作网络，共同制定关于电子商务和快递、邮递的联合政策建议；开发机构间联合工具包，用于电子商务和快递、邮递的监管和排查。通过实施项目工作计划，甄别电子商务的风险，向相关方通报此类风险，提出相应的管理措施，让公众和电子商务者认识到在线交易的风险，提高在保护农业、环境和贸易方面的责任意识；加强部门间联系，逐渐形成跨领域、一体化的实施方法，促进电子商务的安全交易。

世界各地的植物检疫组织在检查快递邮件和包裹时，需要高效的工具和程序。此外，为电子商务和快递邮寄服务商提供协调统一的措施和程序是应对这一问题的高效办法。

面对这些问题，需要认真思考电子商务发展与传统贸易模式的植物检疫监管措施有何差异，如何在做好植物卫生的前提下，促进国际电子商务发展。如何组织制定更有针对性的高中低风险动植物及其产品清单，保证促进植物卫生安全与贸易便利化协同发展等。

（三）授权第三方实施植物检疫成为趋势

随着需要植物检疫证书或边境检查的贸易商品数量增多、品种多样化，国家植保机构的运行方式已经出现重大变化，生产者和其他利益相关方已逐渐认识到植物卫生标准和程序有助于自身的业务发展，更有意愿与国家植保机构开展合作，促使生产和监管活动更加顺利地开展。由于公共资金有限，国家植保机构将进一步努力提高效率，加大协同合作力度，实现必要的植物卫生目标。

按照 IPPC 的规定，国家植保机构可以授权符合条件的第三方协助开展检疫工作。为规范对第三方授权机构的管理，2014 年 IPPC 开始着手制定关于授权实体执行植物检疫行动的国际植物检疫措施标准，2021 年 4 月 CPM 15 会议上通过了 ISPM 45《国家植物机构如授权实体执行植物检疫行为时的要求》，该标准规定，除了签发植物检疫证书和制定国际植物检疫措施外的植物检疫活动，都可以授权第三方实施。

在该标准制定过程中，尽管一些成员对该标准草案存在疑虑，担心一旦商业实体履行国家植保机构职能，植物检疫安全将受到损害，但是 IPPC 本身明确规定国家植保机构可以对除颁发植物检疫证书以外的任务进行授权，并体现在很多国际植物检疫措施标准中。因此问题的关键不是能不能授权，而是如何让授权更可靠。新制定的标准通过明确拟授权第三方机构必须具备的条件，授权的国家植保机构应该采取的核查措施，增强国家植保机构对其他实体执行具体植物检疫措施的信心。

很多国家植保机构在履行自身职责时遇到始料未及的问题，如临时性新有害生物根除或监测活动，而这是国家植保机构自身工作人员无法解决的问题。在这种情况下，由第三方实体来弥补这一空缺是不错的选择。

授权第三方实施植物检疫，北美植物保护组织很早就开始实施，2008 年北美植物保护组织制定了本区域组织的第 28 号标准——授权实体提供植物检疫服务，该标准是该组织成员共同遵照执行的标准。标准的主要内容与 ISPM 45 标准基本类似，规定了国家植保机构可授权实体实施植物检疫活动等，可授权实体代表其执行特定的植物检疫行动，授权实体须制定质量体系手册（QSM）等。此外，北美植物保护组织的第 9 号标准——授权实验室进行植物检疫检测，规定了国家植保机构授权实验室代表国家植保机构进行植物检疫检测，并规定了采用的标准和指南。

（四）针对特定商品或特定传播途径的检疫措施标准需求增加

国际植物检疫措施标准直接关系植物检疫安全和农产品国际贸易，因而标准的制定一直是公约领域的重点工作。已经制定标准的内容涉及植物检疫的许多方面，有些是概念性的（如术语类标准），有些是程序性的（如有害生物风险分析标准），有些是方法类的（如鉴定方法标准）。按照对成员检疫措施影响程度、特别是对农产品贸易影响的程度，标准的敏感程度不同。有些标准是比较敏感的（如木包装标准、处理方法标准），有些标准敏感性相对较低（如术语标准、鉴定方法标准）。总体来说，措施越具体的标准对各国的实际影响越大，因而也越敏感。目前正在大力推进的商品类标准，其敏感性将超过以往已经制定的许多标准，各缔约方围绕其制定的先后顺序、宽严程度等方面的讨论将是关注的重点。如何妥善处理好缔约方主权与国际标准要求之间、检疫安全与贸易便利之间的关系值得密切关注。

已针对特定商品和途径通过并实施了多项国际植物检疫措施标准，同时按要求附带诊断规程和植物检疫处理方法，为标准的实施提供支持。如目前针对种子执行的 ISPM 38 标准，已经有 3 个附件。这些标准为国家植保机构提供了协调统一的植物检疫措施，为其有害生物风险分析活动和进口监管体系提供支持，或用于确立出口型生产体系。这有助于简化贸易流程，加快市场准入相关谈判。

制定针对特定商品和途径的标准时，还可能需要开展更多有关新的植物检疫处理方法的活动。很多针对特定商品和途径的国际植物检疫措施标准可能需要包含新的植物检疫处理方法，使国家植保机构能够直接采用这些对环境造成的影响极低但依然能够有效防治目标有害生物的方法。为此，植物检疫措施委员会有必要加大力度通过新的植物检疫处理方法。

（五）有害生物全球联防联控成为必然

国际商品贸易的速度和数量为有害生物快速传入新的地区提供了机遇，最近几年全球暴发的草地贪叶蛾、沙漠蝗等有害生物，对粮食安全和生态造成了很大的影响，如果仅靠单个国家针对有害生物所采取的防治措施，已经不能解决这些扩散快、经济影响大的有害生物，目前很多地方已经建立了高效管控跨境有害生物的区域协调机制，区域植物保护组织在各区域内发挥着重要的协调作用，能为国家植保机构提供支持，应对有害生物暴发。新的有害生物的暴发（包括传入）风险可通过植物检疫使风险降低，但不能消除。因此，各国必须在传入应对方面获得适当支持，才能有能力快速发现和作出应对。

为了使各国家植物组织快速了解有害生物发生和分布情况，需要开展针对这些有害生物的监测工作，目前一些国家已经开展了某些有害生物的监测，但监测结果没有大范围共享，拟建立的全球有害生物预警系统应依据已开展此类监测工作的各国和各区域植保组织获得相应监测结果，并帮助所有缔约方更简便地获取和解读监测结果。

对于监测尚未覆盖到的国家或区域，可开发一种通用工具，便于他们进入系统并通报有关新发有害生物风险的信息。对有害生物风险变化有更好的认识能帮助各国积极调整本国的植物检疫系统，减轻有害生物的传入和定殖风险。如果能建立全球有害生物预警系统，这样就可以帮助所有缔约方高效、及时、全面完成有害生物报告工作。

有害生物的暴发会给受疫情影响的各国和各区域带来严峻挑战，如技术、工具或植物检疫方面的操作能力不足，这些都会使得有害生物进一步扩散，其对作物和环境的影响难以得到有效控制，给粮食安全、环境和贸易带来不必要的威胁，所以针对影响较大、扩散较快的重要有害生物，需要建立全球有害生物暴发预警和应对系统，通报新发有害生物风险，便于各国积极调整本国的植物检疫系统，减轻传入风险，同时加强国家和区域层面有效应对有害生物暴发（包括新传入）的能力。

（六）电子植物检疫证书使用更加普及

随着国际贸易的快速发展和信息化技术应用水平的不断提高，越来越多的国家开始探索通过实施国际电子证书合作，促进贸易便利化、防止贸易欺诈、打击假冒证书、确保出入境产品质量安全。2013 年起 IPPC 开始推进电子植物检疫证书工作，目前该项工作推进卓有成效，已经开发了通用电子证书系统和数据交换平台，这些工作对世界各国贸易便利化、确保出入境植物和植物产品安全起到重要作用。建立全球统一的电子证书系统是各缔约方的共同心愿，尽管在设计应用之初，存在安全、费用等方面的问题，但是该系统在全球的推广应用是大势所趋。系统广泛使用后，将有效解决贸易双方在证书方面沟通不畅、沟通效率低、存疑证书核实难等问题，大大提高进出口成员间植物检疫证书交换和沟通的效率，更好地服务于农产品贸易。该系统将是公约领域的首个全球网络系统，在逐步完善后，其功能也将逐步扩充，并为建立其他全球网络系统积累经验。

IPPC 建立的电子证书系统共有两个部分，一个是数据交换平台，一个是通用系统。该电子证书系统基于网络版设计，允许没有自己的技术系统的国家以统一格式生产、发送和接收电子证书，并通过数据交换平台与其他参与的国家的电子证书数据进行交换。这两个系统于 2018 年 6 月全面上线。截至 2023 年年底，已有 150 个成员在系统上注册。仅 2020 年一年时间，大约 50 万份证书通过该系统进行了交换。IPPC 也将发展电子植物检疫证书列为重点工作，IPPC 所开发的电子植物检疫证书系统，已经在一些国家推广使用，如美国、新西兰、韩国、阿根廷等国家开始使用 IPPC 的电子植物检疫证书系统。

（七）有害生物网络鉴定实验室成为可能

对有害生物的鉴定是任何一家国家植保机构正常运行所需的重要能力之一，但由于结构性能力和技能不足，很多国家都面临有害生物鉴定专长或服务严重不足的问题。任何一个国家要想参与农产品贸易，都必须有能力证明自己的农产品不带有有害生物。要做到这一点，有害生物鉴定服务至关重要。此外，进口国（地区）也需要获得鉴定服务，以便能发现进口商品中的有害生物，从而预防限定有害生物输入，避免对农业或环境造成严重破坏。

创建鉴定实验室的服务网络，确立诊断规程，帮助各国（地区）更可靠、更及时地发现有害生物，提供可靠、及时的有害生物检测服务。将具备强大诊断能力的国家实验室正式认定为各区域或全球各地提供可靠服务的机构，减少所有国家重复建设此类实验室的必要性。

从 IPPC 这几年所制定的国际标准来看，鉴定类标准的制定得到重视，如 ISPM 27 标准是有害生物鉴定标准。截至 2024 年 8 月，已经制定了 33 种（属）有害生物的鉴定方法。

（八）对植物检疫程序简化需求强烈

2017 年 2 月 22 日，WTO《贸易便利化协定》正式生效，规定了成员方协调边境行动促进货物流通的权利和义务。鉴于《贸易便利化协定》内容包括 IPPC 已经开展的工作，如授权第三方实施植物检疫、电子商务、电子植检证书以及系统性措施等，国家植保机构在履行 IPPC 框架下义务时，与其他边境管理机构的工作有交叉重叠，尤其是在货物、旅客、邮件及快递包裹检查和清关方面。为此，IPPC 专门制定了《贸易便利化行动计划》，旨在就电子商务、电子植物检疫证书、海运集装箱、商品类标准、《国际植保公约——世界海关组织合作协定》及能力建设等方面开展合作，在公约战略框架下，指导《贸易便利化协定》的实施。IPPC 已经召开了国际安全贸易促进会议，专门研究计划的实施工作，评估电子植物检疫证书、电子商务、商品类标准及海运集装箱等计划的现状和未来发展方向。贸易便利化是世界各国（地区）的共同呼声，植物检疫措施必须适应这方面的要求。如何在确保安全的前提下，尽可能简化植物检疫程序，服务农产品的国内外贸易是迫切需要解决的问题。

实现贸易便利化，需要从提升检疫管理手段、技术能力、加强部门间合作等多方面入手，推动各缔约方改进检疫管理，更好地服务农产品贸易，减少有害生物传播风险。随着这方面工作的推进，植物检疫管理的水平会不断提高，检疫与贸易之间的关系会更加协调。

三、对我国适应植物检疫国际规则发展的建议

我国是 IPPC 的缔约方，在植物检疫国际规则方面，要积极跟随国际规则的发展，并且在将来引领制定国际规则。

（一）在做好传统植物检疫的同时， 需关注有害生物随新型贸易形式传入

《生物安全法》生效后，我国植物检疫的范围在扩大，除了传统植物检疫外，外来入侵生物以及新型贸易形势下的有害生物风险值得来关注。从海运集装箱携带风险来看，集装箱不但是国际贸易的载体，也是植物有害生物传播和扩散的重要途径。红火蚁、非洲大蜗牛、舞毒蛾等极具危害的有害生物的传播都与集装箱运输密切相关。

为推动海运集装箱国际植检标准的顺利出台，有效提升贸易便利化水平，海关总署开展了大量卓有成效的工作，海关总署成立了海运集装箱植

物检疫标准研究小组，开展大量调研工作并参与了国际植物检疫措施标准的制定。

（二）授权第三方实施植物检疫

ISPM 45 标准生效后，明确可以授权的事项包括监测、取样、检测、测试、监视、处理以及入境后检疫和销毁等。随着国务院机构改革和政府职能转变的深入推进，我国国家植保机构应统筹考虑可以授权的具体植物检疫行为，如在出境植物和植物产品方面，能否将颁发植物检疫证书之前的活动，包括有害生物检测、田间检查等由国家植保机构授权实体执行，出具相关证书，海关机构根据授权实体出具的相关证书出具植物检疫证书等。另外，按照该标准规定“在决定授权实体执行植物检疫行为并制定授权方案前，国家植保机构应确保其国家法律框架下允许其授予、暂停、撤销和恢复授权”，我国国家植保机构应当在进出境植物及植物产品检疫风险评估的基础上，在国家法律法规层面上进一步明确授权实体执行植物检疫行为范围及程序，配套建立健全我国国家植保机构对授权实体的监督管理制度体系，完善授权执行植物检疫行为的操作规范标准，并明确授权实体应具备的资质条件要求。

目前，我国针对出口有害生物的检测鉴定等工作是由各地直属海关的技术中心负责。按照国家机构改革要求，海关技术中心为公益二类事业单位，并不具备进出境植物检疫行政执法权。随着机构改革的深化，技术中心所承担的某些植物检疫行为，可能需要变成政府授权实体实施。在有害生物的检查方面，也存在非官方机构执行植物检疫的情形，如北美植物保护组织关于亚洲舞毒蛾的第 33 号植物检疫措施生效后，经协商，中国船只出口北美国家的亚洲舞毒蛾检查，由中国检验认证集团检验有限公司进行检查，并出具“无亚洲舞毒蛾”证书。

（三）建立网络实验室，实现资源共享

我国的植物检疫实验室检测符合国际规则，在技术能力、设备配置、队伍建设等方面均已经具备一定的规模和实力，在出入境检验检疫把关中发挥了重要作用。

但在植物检疫实验室网络发展方面，需要进一步加强植物检疫实验室

的网络建设，充分利用设备和专家资源，依托信息化技术，完善有害生物鉴定网络。通过计算机网络图像传输技术，实现昆虫等有害生物形态特征图像的实时传输和存储，提高有害生物检测准确度和便捷度。通过实验室网络，加大有害生物复核等方面的工作力度，使我国的有害生物鉴定工作进一步规范。同时，也加强与其他国家实验室之间的交流与共享，以更有利于引进有害生物检测鉴定的新技术，提高实验室水平。

附 录

APPENDIXES

《实施卫生与植物卫生措施协定》

各成员，

重申不应阻止各成员为保护人类、动物或植物的生命或健康而采用或实施必需的措施，但是这些措施的实施方式不得构成在情形相同的成员之间进行任意或不合理歧视的手段，或构成对国际贸易的变相限制；

期望改善各成员的人类健康、动物健康和植物卫生状况；

注意到卫生与植物卫生措施通常以双边协定或议定书为基础实施，期望有关建立规则和纪律的多边框架，以指导卫生与植物卫生措施的制定、采用和实施，从而将其对贸易的消极影响减少到最低程度；

认识到国际标准、指南和建议可以在这方面作出重要贡献：

期望进一步推动各成员使用协调的、以有关国际组织制定的国际标准、指南和建议为基础的卫生与植物卫生措施，这些国际组织包括食品法典委员会、国际兽疫组织以及在《国际植物保护公约》范围内运作的有关国际和区域组织，但不要求各成员改变其对人类、动物或植物的生命或健康的适当保护水平；

认识到发展中国家成员在遵守进口成员的卫生与植物卫生措施方面可能遇到特殊困难，进而在市场准入及在其领土内制定和实施卫生与植物卫生措施方面也会遇到特殊困难，期望协助它们在这方面所做的努力；

因此期望对适用 GATT 1994 关于使用卫生与植物卫生措施的规定，特别是第 20 条（b）项 1 的规定详述具体规则；

特此协定如下：

第 1 条　总则

1. 本协定适用于所有可能直接或间接影响国际贸易的卫生与植物卫生措施。此类措施应依照本协定的规定制定和适用。

2. 就本协定而言，适用附件 A 中规定的定义。

3. 各附件为本协定的组成部分。

4. 对于不属本协定范围的措施，本协定的任何规定不得影响各成员在

《技术性贸易壁垒协定》项下的权利。

第 2 条　基本权利和义务

1. 各成员有权采取为保护人类、动物或植物的生命或健康所必需的卫生与植物卫生措施，只要此类措施与本协定的规定不相抵触。

2. 各成员应保证任何卫生与植物卫生措施仅在为保护人类、动物或植物的生命或健康所必需的限度内实施，并根据科学原理，如无充分的科学证据则不再维持，但第 5 条第 7 款规定的情况除外。

3. 各成员应保证其卫生与植物卫生措施不在情形相同或相似的成员之间，包括在成员自己领土和其他成员的领土之间构成任意或不合理的歧视。卫生与植物卫生措施的实施方式不得构成对国际贸易的变相限制。

4. 符合本协定有关条款规定的卫生与植物卫生措施应被视为符合各成员根据 GATT 1994 有关使用卫生与植物卫生措施的规定所承担的义务，特别是第 20 条（b）项的规定。

第 3 条　协调

1 为在尽可能广泛的基础上协调卫生与植物卫生措施，各成员的卫生与植物卫生措施应根据现有的国际标准、指南或建议制定，除非本协定、特别是第 3 款中另有规定。

2. 符合国际标准、指南或建议的卫生与植物卫生措施应被视为为保护人类、动物或植物的生命或健康所必需的措施，并被视为与本协定和 GATT 1994 的有关规定相一致。

3. 如存在科学理由，或一成员依照第 5 条第 1 款至第 8 款的有关规定确定动植物卫生的保护水平是适当的，则各成员可采用或维持比根据有关国际标准、指南或建议制定的措施所可能达到的保护水平更高的卫生与植物卫生措施。尽管有以上规定，但是所产生的卫生与植物卫生保护水平与根据国际标准、指南或建议制定的措施所实现的保护水平不同的措施，均不得与本协定中任何其他规定相抵触。

4. 各成员应在力所能及的范围内充分参与有关国际组织及其附属机构，特别是食品法典委员会、国际兽疫组织以及在《国际植物保护公约》范围内运作的有关国际和区域组织，以促进在这些组织中制定和定期审议有关卫生与植物卫生措施所有方面的标准、指南和建议。

5. 第 12 条第 1 款和第 4 款规定的卫生与植物卫生措施委员会（本协

定中称“委员会”）应制定程序，以监控国际协调进程，并在这方面与有关国际组织协同努力。

第 4 条　等效

1. 如出口成员客观地向进口成员证明其卫生与植物卫生措施达到进口成员适当的卫生与植物卫生保护水平，则各成员应将其他成员的措施作为等效措施予以接受，即使这些措施不同于进口成员自己的措施，或不同于从事相同产品贸易的其他成员使用的措施。为此，应请求，应给予进口成员进行检查、检验及其他相关程序的合理机会。

2. 应请求，各成员应进行磋商，以便就承认具体卫生与植物卫生措施的等效性问题达成双边和多边协定。

第 5 条　风险评估和适当的卫生与植物卫生保护水平的确定

1. 各成员应保证其卫生与植物卫生措施的制定以对人类、动物或植物的生命或健康所进行的、适合有关情况的风险评估为基础，同时考虑有关国际组织制定的风险评估技术。

2. 在进行风险评估时，各成员应考虑可获得的科学证据；有关工序和生产方法；有关检查、抽样和检验方法；特定病害或虫害的流行；病虫害非疫区的存在；有关生态和环境条件；以及检疫或其他处理方法。

3. 各成员在评估对动物或植物的生命或健康构成的风险并确定为实现适当的卫生与植物卫生保护水平以防止此类风险所采取的措施时，应考虑下列有关经济因素：由于虫害或病害的传入、定居或传播造成生产或销售损失的潜在损害；在进口成员领土内控制或根除病虫害的费用；以及采用替代方法控制风险的相对成本效益。

4. 各成员在确定适当的卫生与植物卫生保护水平时，应考虑将对贸易的消极影响减少到最低程度的目标。

5. 为实现在防止对人类生命或健康、动物和植物的生命或健康的风险方面运用适当的卫生与植物卫生保护水平的概念的一致性，每一成员应避免其认为适当的保护水平在不同的情况下存在任意或不合理的差异，如此类差异造成对国际贸易的歧视或变相限制。各成员应在委员会中进行合作，依照第 12 条第 1 款、第 2 款和第 3 款制定指南，以推动本规定的实际实施。委员会在制定指南时应考虑所有有关因素，包括人们自愿承受人身健康风险的例外特性。

6. 在不损害第 3 条第 2 款的情况下，在制定或维持卫生与植物卫生措施以实现适当的卫生与植物卫生保护水平时，各成员应保证此类措施对贸易的限制不超过为达到适当的卫生与植物卫生保护水平所要求的限度，同时考虑其技术和经济可行性。

7. 在有关科学证据不充分的情况下，一成员可根据可获得的有关信息，包括来自有关国际组织以及其他成员实施的卫生与植物卫生措施的信息，临时采用卫生与植物卫生措施。在此种情况下，各成员应寻求获得更加客观地进行风险评估所必需的额外信息，并在合理期限内据此审议卫生与植物卫生措施。

8. 如一成员有理由认为另一成员采用或维持的特定卫生与植物卫生措施正在限制或可能限制其产品出口，且该措施不是根据有关国际标准、指南或建议制定的，或不存在此类标准、指南或建议，则可请求说明此类卫生与植物卫生措施的理由，维持该措施的成员应提供此种说明。

第 6 条　适应地区条件，包括适应病虫害非疫区和低度流行区的条件

1. 各成员应保证其卫生与植物卫生措施适应产品的产地和目的地的卫生与植物卫生特点，无论该地区是一国的全部或部分地区，或几个国家的全部或部分地区。在评估一地区的卫生与植物卫生特点时，各成员应特别考虑特定病害或虫害的流行程度、是否存在根除或控制计划以及有关国际组织可能制定的适当标准或指南。

2. 各成员应特别认识到病虫害非疫区和低度流行区的概念。对这些地区的确定应根据地理、生态系统、流行病监测以及卫生与植物卫生控制的有效性等因素。

3. 声明其领土内地区属病虫害非疫区或低度流行区的出口成员，应提供必要的证据，以便向进口成员客观地证明此类地区属、且有可能继续属病虫害非疫区或低度流行区。为此，应请求，应使进口成员获得进行检查、检验及其他有关程序的合理机会。

第 7 条　透明度

各成员应依照附件 B 的规定通知其卫生与植物卫生措施的变更，并提供有关其卫生与植物卫生措施的信息。

第 8 条　控制、检查和批准程序

各成员在实施控制、检查和批准程序时，包括关于批准食品、饮料或饲料中使用添加剂或确定污染物允许量的国家制度，应遵守附件 C 的规定，并在其他方面保证其程序与本协定规定不相抵触。

第 9 条 技术援助

1. 各成员同意以双边形式或通过适当的国际组织便利向其他成员、特别是发展中国家成员提供技术援助。此类援助可特别针对加工技术、研究和基础设施等领域，包括建立国家管理机构，并可采取咨询、信贷、捐赠和赠予等方式，包括为寻求技术专长的目的，为使此类国家适应并符合为实现其出口市场的适当卫生与植物卫生保护水平所必需的卫生与植物卫生措施而提供的培训和设备。

2. 当发展中国家出口成员为满足进口成员的卫生与植物卫生要求而需要大量投资时，后者应考虑提供此类可使发展中国家成员维持和扩大所涉及的产品市场准入机会的技术援助。

第 10 条 特殊和差别待遇

1. 在制定和实施卫生与植物卫生措施时，各成员应考虑发展中国家成员、特别是最不发达国家成员的特殊需要。

2. 如适当的卫生与植物卫生保护水平有余地允许分阶段采用新的卫生与植物卫生措施，则应给予发展中国家成员有利害关系产品更长的时限以符合该措施，从而维持其出口机会。

3. 为保证发展中国家成员能够遵守本协定的规定，应请求，委员会有权，给予这些国家对于本协定项下全部或部分义务的特定的和有时限的例外，同时考虑其财政、贸易和发展需要。

4. 各成员应鼓励和便利发展中国家成员积极参与有关国际组织。

第 11 条 磋商和争端解决

1. 由《争端解决谅解》详述和适用的 GATT 1994 第 22 条和第 23 条的规定适用于本协定项下的磋商和争端解决，除非本协定另有具体规定。

2. 在本协定项下涉及科学或技术问题的争端中，专家组应寻求专家组与争端各方磋商后选定的专家的意见。为此，在主动或应争端双方中任何一方请求下，专家组在其认为适当时，可设立一技术专家咨询小组，或咨询有关国际组织。

3. 本协定中的任何内容不得损害各成员在其他国际协定项下的权利，包括援用其他国际组织或根据任何国际协定设立的斡旋或争端解决机制的权利。

第 12 条　管理

1. 特此设立卫生与植物卫生措施委员会，为磋商提供经常性场所。委员会应履行为实施本协定规定并促进其目标实现所必需的职能，特别是关于协调的目标。委员会应经协商一致作出决定。

2. 委员会应鼓励和便利各成员之间就特定的卫生与植物卫生问题进行不定期的磋商或谈判。委员会应鼓励所有成员使用国际标准、指南和建议。在这方面，委员会应主办技术磋商和研究，以提高在批准使用食品添加剂或确定食品、饮料或饲料中污染物允许量的国际和国家制度或方法方面的协调性和一致性。

3. 委员会应同卫生与植物卫生保护领域的有关国际组织，特别是食品法典委员会、国际兽疫组织和《国际植物保护公约》秘书处保持密切联系，以获得用于管理本协定的可获得的最佳科学和技术意见，并保证避免不必要的重复工作。

4. 委员会应制定程序，以监测国际协调进程及国际标准、指南或建议的使用。为此，委员会应与有关国际组织一起，制定一份委员会认为对贸易有较大影响的与卫生与植物卫生措施有关的国际标准、指南或建议清单。在该清单中各成员应说明那些被用作进口条件或在此基础上进口产品符合这些标准即可享有对其市场准入的国际标准、指南或建议。在一成员不将国际标准、指南或建议作为进口条件的情况下，该成员应说明其中的理由，特别是它是否认为该标准不够严格，而无法提供适当的卫生与植物卫生保护水平。如一成员在其说明标准、指南或建议的使用为进口条件后改变其立场，则该成员应对其立场的改变提供说明，并通知秘书处以及有关国际组织，除非此类通知和说明已根据附件 B 中的程序作出。

5. 为避免不必要的重复，委员会可酌情决定使用通过有关国际组织实行的程序、特别是通知程序所产生的信息。

6. 委员会可根据一成员的倡议，通过适当渠道邀请有关国际组织或其附属机构审查有关特定标准、指南或建议的具体问题，包括根据第 4 款对不使用所作说明的依据。

7. 委员会应在《WTO 协定》生效之日后 3 年后，并在此后有需要时，对本协定的运用和实施情况进行审议。在适当时，委员会应特别考虑在本协定实施过程中所获得的经验，向货物贸易理事会提交修正本协定文本的建议。

第 13 条　实施

各成员对在本协定项下遵守其中所列所有义务负有全责。各成员应制定和实施积极的措施和机制，以支持中央政府机构以外的机构遵守本协定的规定。各成员应采取所能采取的合理措施，以保证其领土内的非政府实体以及其领土内相关实体为其成员的区域机构，符合本协定的相关规定。此外，各成员不得采取其效果具有直接或间接要求或鼓励此类区域或非政府实体、或地方政府机构以与本协定规定不一致的方式行事作用的措施。各成员应保证只有在非政府实体遵守本协定规定的前提下，方可依靠这些实体提供的服务实施卫生与植物卫生措施。

第 14 条　最后条款

对于最不发达国家成员影响进口或进口产品的卫生与植物卫生措施，这些国家可自《WTO 协定》生效之日起推迟 5 年实施本协定的规定。对于其他发展中国家成员影响进口或进口产品的现有卫生与植物卫生措施；如由于缺乏技术专长、技术基础设施或资源而妨碍实施，则这些国家可自《WTO 协定》生效之日起推迟 2 年实施本协定的规定，但第 5 条第 8 款和第 7 条的规定除外。

附件 A　定义

1. 卫生与植物卫生措施——用于下列目的的任何措施：

(a) 保护成员领土内的动物或植物的生命或健康免受虫害或病害、带病有机体或致病有机体的传入、定居或传播所产生的风险；

(b) 保护成员领土内的人类或动物的生命或健康免受食品、饮料或饲料中的添加剂、污染物、毒素或致病有机体所产生的风险；

(c) 保护成员领土内的人类的生命或健康免受动物、植物或动植物产品携带的病害或虫害的传入、定居或传播所产生的风险；或

(d) 防止或控制成员领土内因有害生物的传入、定居或传播所产生的其他损害。

卫生与植物卫生措施包括所有相关法律、法令、法规、要求和程序，特别包括：最终产品标准；工序和生产方法；检验、检查、认证和批准程序；检疫处理，包括与动物或植物运输有关的或与在运输过程中为维持动

植物生存所需物质有关的要求；有关统计方法、抽样程序和风险评估方法的规定；以及与粮食安全直接有关的包装和标签要求。

2. 协调——不同成员制定、承认和实施共同的卫生与植物卫生措施。

3. 国际标准、指南和建议

（a）对于粮食安全，指食品法典委员会制定的与食品添加剂、兽药和除虫剂残余物、污染物、分析和抽样方法有关的标准、指南和建议，及卫生惯例的守则和指南；

（b）对于动物健康和寄生虫病，指国际兽疫组织主持制定的标准、指南和建议；

（c）对于植物健康，指在《国际植物保护公约》秘书处主持下与在《国际植物保护公约》范围内运作的区域组织合作制定的国际标准、指南和建议；以及

（d）对于上述组织未涵盖的事项，指经委员会确认的、由其成员资格向所有 WTO 成员开放的其他有关国际组织公布的有关标准、指南和建议。

4. 风险评估——根据可能适用的卫生与植物卫生措施评价虫害或病害在进口成员领土内传入、定居或传播的可能性，及评价相关潜在的生物学后果和经济后果；或评价食品、饮料或饲料中存在的添加剂、污染物、毒素或致病有机体对人类或动物的健康所产生的潜在不利影响。

5. 适当的卫生与植物卫生保护水平——制定卫生与植物卫生措施以保护其领土内的人类、动物或植物的生命或健康的成员所认为适当的保护水平。

注：许多成员也称此概念为“可接受的风险水平”。

6. 病虫害非疫区——由主管机关确认的未发生特定虫害或病害的地区，无论是一国的全部或部分地区，还是几个国家的全部或部分地区。

注：病虫害非疫区可以包围一地区、被一地区包围或毗连一地区，可在一国的部分地区内，或在包括几个国家的部分或全部地理区域内，在该地区内已知发生特定虫害或病害，但已采取区域控制措施，如建立可限制或根除所涉虫害或病害的保护区、监测区和缓冲区。

7. 病虫害低度流行区——由主管机关确认的特定虫害或病害发生水平低，且已采取有效监测、控制或根除措施的地区，该地区可以是一国的全部或部分地区，也可以是几个国家的全部或部分地区。

附件 B 卫生与植物卫生法规的透明度

法规的公布

1. 各成员应保证迅速公布所有已采用的卫生与植物卫生法规，以使有利害关系的成员知晓。

2. 除紧急情况外，各成员应在卫生与植物卫生法规的公布和生效之间留出合理时间间隔，使出口成员、特别是发展中国家成员的生产者有时间使其产品和生产方法适应进口成员的要求。

咨询点

3. 每一成员应保证设立一咨询点，负责对有利害关系的成员提出的所有合理问题作出答复，并提供有关下列内容的文件：

（a）在其领土内已采用或提议的任何卫生与植物卫生法规；

（b）在其领土内实施的任何控制和检查程序、生产和检疫处理方法、杀虫剂允许量和食品添加剂批准程序；

（c）风险评估程序、考虑的因素以及适当的卫生与植物卫生保护水平的确定；

（d）成员或其领土内相关机构在国际和区域卫生与植物卫生组织和体系内，及在本协定范围内的双边和多边协定和安排中的成员资格和参与情况，及此类协定和安排的文本。

4. 各成员应保证在如有利害关系的成员索取文件副本，除递送费用外，应按向有关成员本国国民提供的相同价格（如有定价）提供。

通知程序

5. 只要国际标准、指南或建议不存在或拟议的卫生与植物卫生法规的内容与国际标准、指南或建议的内容实质上不同，且如果该法规对其他成员的贸易有重大影响，则各成员即应：

（a）提早发布通知，以使有利害关系的成员知晓采用特定法规的建议；

（b）通过秘书处通知其他成员法规所涵盖的产品，并对拟议法规的目的和理由作出简要说明。此类通知应在仍可进行修正和考虑提出的意见时提早作出。

（c）应请求，向其他成员提供拟议法规的副本，只要可能，应标明与国际标准、指南或建议有实质性偏离的部分；

（d）无歧视地给予其他成员合理的时间以提出书面意见，应请求讨论这些意见，并对这些书面意见和讨论的结果予以考虑。

6. 但是，如一成员面临健康保护的紧急问题或面临发生此种问题的威胁，则该成员可省略本附件第 5 款所列步骤中其认为有必要省略的步骤，只要该成员：

（a）立即通过秘书处通知其他成员所涵盖的特定法规和产品，并对该法规的目标和理由作出简要说明，包括紧急问题的性质；

（b）应请求，向其他成员提供法规的副本；

（c）允许其他成员提出书面意见，应请求讨论这些意见，并对这些书面意见和讨论的结果予以考虑。

7. 提交秘书处的通知应使用英文、法文或西班牙文。

8. 如其他成员请求，发达国家成员应以英文、法文或西班牙文提供特定通知所涵盖的文件，如文件篇幅较长，则应提供此类文件的摘要。

9. 秘书处应迅速向所有成员和有利害关系的国际组织散发通知的副本，并提请发展中国家成员注意任何有关其特殊利益产品的通知。

10. 各成员应指定一中央政府机构，负责在国家一级依据本附件第 5 款、第 6 款、第 7 款和第 8 款实施有关通知程序的规定。

一般保留

11 本协定的任何规定不得解释为要求：

（a）使用成员语文以外的语文提供草案细节或副本或公布文本内容，但本附件第 8 款规定的除外；或

（b）各成员披露会阻碍卫生与植物卫生立法的执行或会损害特定企业合法商业利益的机密信息。

附件 C　控制、检查和批准程序

1. 对于检查和保证实施卫生与植物卫生措施的任何程序，各成员应保证：

（a）此类程序的实施和完成不受到不适当的迟延，且对进口产品实施的方式不严于国内同类产品；

（b）公布每一程序的标准处理期限，或应请求，告知申请人预期的处理期限；主管机构在接到申请后迅速审查文件是否齐全，并以准确和完整的方式通知申请人所有不足之处；主管机构尽快以准确和完整的方式向申

请人传达程序的结果，以便在一必要时采取纠正措施；即使在申请存在不足之处时，如申请人提出请求，主管机构也应尽可能继续进行该程序；以及应请求，将程序所进行的阶段通知申请人，并对任何迟延作出说明；

（c）有关信息的要求仅限于控制、检查和批准程序所必需的限度，包括批准使用添加剂或为确定食品、饮料或饲料中污染物的允许量所必需的限度；

（d）在控制、检查和批准过程中产生的或提供的有关进口产品的信息，其机密性受到不低于本国产品的遵守，并使合法商业利益得到保护；

（e）控制、检查和批准一产品的单个样品的任何要求仅限于合理和必要的限度；

（f）因对进口产品实施上述程序而征收的任何费用与对国内同类产品或来自任何其他成员的产品所征收的费用相比是公平的，且不高于服务的实际费用；

（g）程序中所用设备的设置地点和进口产品样品的选择应使用与国内产品相同的标准，以便将申请人、进口商、出口商或其代理人的不便减少到最低程度；

（h）只要由于根据适用的法规进行控制和检查而改变产品规格，则对改变规格产品实施的程序仅限于为确定是否有足够的信心相信该产品仍符合有关规定所必需的限度；以及

（i）建立审议有关运用此类程序的投诉的程序，且当投诉合理时采取纠正措施。

如一进口成员实行批准使用食品添加剂或制定食品、饮料或饲料中污染物允许量的制度，以禁止或限制未获批准的产品进入其国内市场，则进口成员应考虑使用有关国际标准作为进入市场的依据，直到作出最后确定为止。

2. 如一卫生与植物卫生措施规定在生产阶段进行控制，则在其领土内进行有关生产的成员应提供必要协助，以便利此类控制及控制机构的工作。

3. 本协定的内容不得阻止各成员在各自领土内实施合理检查。

参考文献

［1］ IPPC. https：//www. ippc. int/zh/about/overview/ ［EB/OL］. ［2021-6-24］. https：//www. ippc. int/zh/about/overview/.

［2］ IPPC. Adopted Standards（ISPMs）［EB/OL］. ［2021-10-12］. https：//www. ippc. int/zh/core-activities/standards-setting/ispms/.

［3］ WOAH. Aquatic Animal Health Code［EB/OL］. ［2021-06-17］. https：//www. WOAH. int/en/what-we-do/standards/codes-and-manuals/aquatic-code-online-access/.

［4］ WOAH. Terrestrial Animal Health Code［EB/OL］. ［2021-05-12］. https：//www. WOAH. int/en/what-we-do/standards/codes-and-manuals/terrestrial-code-online-access/? id=169&L=1&htmfile=sommaire. htm.

［5］ WOAH. Manual of Diagnostic Tests and Vaccines for Terrestrial Animals［EB/OL］. ［2021-07-25］. https：//www. WOAH. int/en/what-we-do/standards/codes-and-manuals/terrestrial-manual-online-access/.

［6］ WOAH. Manual of Diagnostic Tests for Aquatic Animals［EB/OL］. ［2021-09-13］. https：//www. WOAH. int/en/what-we-do/standards/codes-and-manuals/aquatic-manual-online-access/.

［7］ WOAH. WOAH Animal Welfare［EB/OL］. ［2021-08-26］. https：//www. WOAH. int/en/what-we-do/animal-health-and-welfare/animal-welfare/.

［8］ WOAH. WOAH TOOL FOR THE EVALUATION OF PERFORMANCE OF VETERINARY SERVICES［M］. 7th ed. Paris：WOAH，2019.

［9］ 中华人民共和国国务院新闻办公室．中国与世界贸易组织白皮书［EB/OL］．（2018-06-28）［2021-03-18］. https：//baijiahao. baidu. com/s? id=1604503414707639140&wfr=spider&for=pc.

［10］ 中华人民共和国商务部．中国关于世贸组织改革的建议文件［EB/OL］．（2019-05-14）［2021-03-18］. http：//www. mofcom. gov. cn/

article/jiguanzx/201905/20190502862614. shtml.

［11］陈焕春．动物疫病防控——挑战与展望［J］．Engineering，2020，6（01）：5-6.

［12］葛志荣．《实施卫生与植物卫生措施协定》的理解［M］．北京：中国农业出版社，2001.

［13］葛志荣．《农业协定》的理解［M］．北京：中国农业出版社，2003.

［14］葛志荣．《技术性贸易壁垒协定》的理解［M］．北京：中国农业出版社，2001.

［15］葛志荣．《关于争端解决规则与程序的谅解》的理解［M］．北京：中国农业出版社，2001.

［16］李建军，高梦昭，邓柯，等．进口鸡肉传带禽伤寒沙门氏菌的定量风险评估［J］．中国动物检疫，2021，38（1）：30-34.

［17］刘辉群．国际贸易理论与政策［M］．北京：北京大学出版社，2014.

［18］薛荣久，屠新泉，杨凤鸣．世界贸易组织概论［M］．北京：清华大学出版社，2018.

［19］熊慧，王明利．欧美发达国家发展农场动物福利的实践及其对中国的启示——基于畜牧业高质量发展视角［J］．世界农业，2020，12（总 500）：22-29.

［20］杨宏琳，曾邦权，何基保，等．口蹄疫通过云南中缅边境活牛走私传入我国的定量风险评估［J］．中国动物检疫，2020，37（12）：3-8.

［21］由轩，张子群，刘学，等．SN/T 2486-2010 进出境动物和动物产品风险分析程序和技术要求［S］．2010.

［22］赵万升，陈峰，李秀喆，等．2010—2019 年全球小反刍兽疫疫情分析［J］．畜牧兽医科学（电子版），2020（15）：3-6.

［23］赵熙熙．哺乳动物或携带 32 万种未知病毒［J］．前沿科学，2013，7（3）：94-95.

［24］黄冠胜．国际植物检疫措施标准汇编［M］．北京：中国标准出版社，2010.

［25］黄冠胜．中国特色进出境动植物检验检疫［M］．北京：中国标准出版社，2013.

［26］黄冠胜．国际植物检疫规则与中国进出境植物检疫［M］．北京：中国标准出版社，2014.

［27］李志红，杨汉春．动植物检疫概论［M］．北京：中国农业大学出版社，2021.

［28］王福祥．国际植保公约重点工作及国际植物检疫发展趋势［J］．植物检疫，2020，34（05）：1-5.

［29］孙双艳，王教敏，白娟．授权实体实施植物检疫行为的国际标准生效［J］．植物检疫，2021-09-17.

［30］张治富，高建功．完善压舱水检疫监管 维护境内水域安全［J］．中国国门时报，2013-2-5.

［31］杨清双，陈凡，熊焕昌．国外船舶压舱水管理和处理技术［J］．中国国境卫生检疫杂志，2005，28（3）：174-180.

［32］张晓燕，罗卫，周明华，等．论进出境动植物检疫的基本属性［J］．植物检疫，2013，27（3）：27-31.